SICHUANSHENG GONGCHENG JIANSHE BIAOZHUN SHEJI

四川省工程建设标准设计

四川省可再生能源多能互补供暖系统设计图集

四川省建筑标准设计办公室

图集号 川2017T124-TY

西南交通大学出版社

·成 都·

图书在版编目（CIP）数据

四川省可再生能源多能互补供暖系统设计图集 / 四川省建筑设计研究院主编. —成都：西南交通大学出版社，2018.2

ISBN 978-7-5643-5979-9

Ⅰ. ①四… Ⅱ. ①四… Ⅲ. ①再生能源－采暖－热力系统－建筑设计－图集 Ⅳ. ①TU832.1-64

中国版本图书馆 CIP 数据核字（2017）第 317339 号

责任编辑 李芳芳
封面设计 何东琳设计工作室

四川省可再生能源多能互补供暖系统设计图集

主编 四川省建筑设计研究院

出版发行	西南交通大学出版社（四川省成都市二环路北一段 111 号 西南交通大学创新大厦 21 楼）
发行部电话	028-87600564 028-87600533
邮政编码	610031
网址	http://www.xnjdcbs.com
印刷	成都中永印务有限责任公司
成品尺寸	260 mm × 185 mm
印张	4.25
字数	103 千
版次	2018 年 2 月第 1 版
印次	2018 年 2 月第 1 次
书号	ISBN 978-7-5643-5979-9
定价	49.00 元

四川省住房和城乡建设厅

川建标发〔2017〕893号

四川省住房和城乡建设厅关于发布《四川省可再生能源多能互补供暖系统设计图集》为省建筑标准设计通用图集的通知

各市（州）及扩权试点县（市）住房城乡建设行政主管部门：

由四川省建筑标准设计办公室组织、四川省建筑设计研究院主编的《四川省可再生能源多能互补供暖系统设计图集》，经审查通过，现批准为四川省建筑标准设计通用图集，图集编号为川2017T124-TY，自2018年3月1日起施行。

该图集由四川省住房和城乡建设厅负责管理，四川省建筑设计研究院负责具体解释工作，四川省建筑标准设计办公室负责出版、发行工作。

特此通知。

四川省住房和城乡建设厅

2017年11月30日

《四川省可再生能源多能互补供暖系统设计图集》

编审人员名单

主编单位 四川省建筑设计研究院

编制组成员 邹秋生 王 曦 甘灵丽 周伟军 梅力宸 吴银萍 粟 珩
汪 玺 姚 坤 王 瑞 胡 斌 王家良 徐永军 钟于涛

审查组成员 革 非 熊小军 王金平 龙恩深 徐立平 王 洪 唐 明

可再生能源多能互补供暖系统设计图集

批准部门：四川省住房和城乡建设厅
批准文号：川建标发〔2017〕893号
主编单位：四川省建筑设计研究院
图 集 号：川2017T124-TY
实施日期：2018年3月1日

主编单位负责人：
主编单位技术负责人：

技 术 审 定 人：

技 术 负 责 人：

目 录

编制说明 …… 3
设计选用说明 …… 4
图例 …… 11
公共建筑部分
互补热源接入水箱的太阳能供暖系统原理图 …… 12
互补热源接入水箱的太阳能供暖系统设计说明 …… 13
互补热源接入水箱的太阳能供暖系统控制点位图 …… 14
互补热源接入水箱的太阳能供暖系统控制说明 …… 15
互补热源接入水箱的太阳能供暖系统控制流程图 …… 16
互补热源与蓄热水箱串联接入末端的太阳能供暖系统原理图 …… 17
互补热源与蓄热水箱串联接入末端的太阳能供暖系统设计说明 …… 18
互补热源与蓄热水箱串联接入末端的太阳能供暖系统控制点位图 …… 19
互补热源与蓄热水箱串联接入末端的太阳能供暖系统控制说明 …… 20
互补热源与蓄热水箱串联接入末端的太阳能供暖系统控制流程图 …… 21
互补热源与蓄热水箱并联接入末端的太阳能供暖系统原理图 …… 22
互补热源与蓄热水箱并联接入末端的太阳能供暖系统设计说明 …… 23
互补热源与蓄热水箱并联接入末端的太阳能供暖系统控制点位图 …… 24
互补热源与蓄热水箱并联接入末端的太阳能供暖系统控制说明 …… 25
互补热源与蓄热水箱并联接入末端的太阳能供暖系统控制流程图 …… 26
太阳能集热系统设计说明及控制策略 …… 27
传感器、控制阀及设备监控功能表 …… 28
住宅部分
集中式太阳能（强制循环、间接换热）与电辅助供热系统原理图 …… 29
集中式太阳能（强制循环、间接换热）与电辅助供热系统设计及控制说明 …… 30
集中式太阳能（强制循环、间接换热）与燃气互补供热系统原理图 …… 31
集中式太阳能（强制循环、间接换热）与燃气互补供热系统设计及控制说明 …… 32
单户式太阳能（强制循环、间接换热）与电辅助供热系统原理图 …… 33
单户式太阳能（强制循环、间接换热）与电辅助供热系统设计及控制说明 …… 34
单户式太阳能（强制循环、直接换热）与电辅助供热系统原理图 …… 35

单户式太阳能（强制循环、直接换热）与电辅助供热系统设计及控制说明……………36
单户式太阳能（自然循环、间接换热）与电辅助供热系统原理图……………………37
单户式太阳能（自然循环、间接换热）与电辅助供热系统设计及控制说明……………38
单户式太阳能（强制循环、间接换热）与燃气互补供热系统原理图…………………39
单户式太阳能（强制循环、间接换热）与燃气互补供热系统设计及控制说明…………40
单户式太阳能（强制循环、直接换热）与燃气互补供热系统原理图…………………41
单户式太阳能（强制循环、直接换热）与燃气互补供热系统设计及控制说明…………42
单户式太阳能与空气热能（强制循环、间接换热）互补供热系统原理图………………43
单户式太阳能与空气热能（强制循环、间接换热）互补供热系统设计及控制说明……44
单户式太阳能与空气热能（强制循环、直接换热）互补供热系统原理图………………45
单户式太阳能与空气热能（强制循环、直接换热）互补供热系统设计及控制说明……46
单户式空气热能与燃气互补供热系统原理图…………………………………………47
单户式空气热能与燃气互补供热系统设计及控制说明………………………………48
单户式沼气与电辅助供热系统原理图…………………………………………………49
单户式沼气与电辅助供热系统设计及控制说明………………………………………50
单户式沼气与太阳能（强制循环、间接换热）互补供热系统原理图…………………51
单户式沼气与太阳能（强制循环、间接换热）互补供热系统设计及控制说明………52
单户式沼气与太阳能（强制循环、直接换热）互补供热系统原理图…………………53
单户式沼气与太阳能（强制循环、直接换热）互补供热系统设计及控制说明………54
单户式沼气与空气热能互补供热系统原理图…………………………………………55
单户式沼气与空气热能互补供热系统设计及控制说明………………………………56

附录

附录A 乙二醇水溶液物性、母液物理化学性质、体积浓度及其对应冰点……………57
附录B 典型城镇太阳能资源丰富程度表…………………………………………58
附录C 典型城镇太阳能资源稳定程度表…………………………………………59
附录D 水在不同气压状态下的沸点对照表………………………………………60
附录E 单户式空气热能与燃气互补供热系统——设计经济运行平衡点温度计算案例……61

编 制 说 明

1 编制目的

《四川省住房城乡建设事业“十三五” 规划纲要》《四川省建筑节能与绿色建筑发展“十三五”规划》中均提到可再生能源利用的重要性，要求继续推进可再生能源建筑规模化应用，推广多种可再生能源互补利用技术应用。《四川省节能减排综合工作方案（2017—2020年）》中明确要求，到2020年，新增可再生能源建筑应用面积400万平方米。

我省地域广阔，同时涵盖严寒、寒冷、夏热冬冷和温和四个气候区，大部分地区（尤其是高海拔严寒及寒冷地区）供热需求明显，同时该类区域可再生能源往往极其丰富，在这些地区大力推广可再生能源供热供暖技术，能较大限度地减少污染物的排放，达到节约能源、保护环境、实现可持续发展的目的。

为推动建筑节能的发展，促进可再生能源技术在建筑供暖方面的应用和推广，科学指导基于可再生能源利用的多能互补供暖供热系统的设计及运行调控，实现可再生能源供暖供热规模化应用，特编制本图集。

2 编制依据

2.1 本图集根据《四川省住房和城乡建设厅关于同意编制〈四川省超限高层建筑抗震设计图示〉等七部省标通用图集的批复》（川建标发〔2017〕195号）进行编制。

2.2 遵照的国家及地方标准

《民用建筑供暖通风与空气调节设计规范》	GB 50736—2012
《建筑给水排水设计规范》（2009版）	GB 50015—2003
《太阳能供热采暖工程技术规范》	GB 50495—2009
《民用建筑太阳能热水系统应用技术规范》	GB 50364—2005
《地源热泵系统工程技术规范》（2009版）	GB 50366—2005
《公共建筑节能设计标准》	GB 50189—2015
《暖通空调制图标准》	GB/T 50114—2010
《四川省居住建筑节能设计标准》	DB 51/5027—2012
《四川省高寒地区民用建筑供暖通风设计标准》	DBJ 51/055—2016

3 适用范围

3.1 本图集适用于新建、扩建和改建的民用建筑以及既有建筑改造中以太阳能、空气源热泵（热泵热水机）或地源热泵等为冷热源的多能互补供暖系统设计。

3.2 本图集主要面向从事暖通工程及系统控制的设计人员，也可供相关专业人员参考使用。

3.3 本图集提供的控制方式以保证供暖供热系统的正常运行为基础，指导设计人员进行控制方式设计。

4 主要内容及特点

4.1 本图集提供以可再生能源利用为主的多能互补典型供热、供暖系统方案，包括太阳能、地热能、空气热能、生物质能（沼气）以及常规能源等多种能源之间互补的供暖系统，图纸包括原理图、监控点位图、系统设计及控制说明等。

4.2 本图集为公共建筑提供多能互补供暖系统设计及控制方案，为住宅提供了同时解决供暖及生活热水需求的系统设计方案。

4.3 本图集包含基于多种可再生能源利用的多能互补供暖系统有关系统元件、系统原理、系统控制的相关内容，较为详细地介绍了适合于四川省实际情况的可再生能源供热供暖应用系统形式和监控策略。

4.4 本图集所给出的控制策略均以保证系统安全可靠为前提，以最大化利用可再生能源、减少常规能源消耗为基本原则，可操作性强。

5 其他

供暖系统设计应满足国家及地方现行标准规范的要求。在选用本图集时，若本图集依据的标准规范进行修订或有新的标准规范出版实施，本图集与现行工程建设标准不符的内容、限制或淘汰的技术或产品，视为无效。工程技术人员在参考使用时，应注意加以区分，并应对本图集相关内容进行复核后选用。

设计选用说明

1 系统形式及特点

1.1 公共建筑部分

1.1.1 针对公共建筑，本图集提供的基于可再生能源利用的多能互补供暖系统主要以太阳能利用为主，互补热源可根据工程所在地的能源情况，合理采用空气源热泵、地源热泵等多种形式。在满足规范要求的前提下，也可以采用电加热作为辅助热源。

1.1.2 经方案论证比选，工程所在地无其他可再生能源能够利用，或其他可再生能源利用不合理，且采用空气源热泵或地源热泵等为工程单一可用热源时，热源设备容量应按照要求足额配置。同时，因该系统采用单一能源利用的供暖形式，本图集暂未提供该系统设计方法。

1.1.3 对于四川省严寒及寒冷地区的空气源热泵系统，因热平衡点问题需要设置电辅助热源时，可按照相关能源政策及技术规范的要求和方法配置。

1.1.4 本图集公共建筑太阳能互补供暖系统名称、特点及适用范围详见表1.1。

1.2 住宅建筑部分

1.2.1 针对住宅建筑，本图集提供的基于可再生能源利用的互补供热系统包括供暖及生活热水系统。

1.2.2 对于无城镇燃气可利用的住宅，当利用太阳能、空气热能等可再生能源作为供热热源时，在满足规范要求的前提下，可设置适当的电辅助加热装置；对于有城市燃气供应的城镇住宅，采用燃气供暖炉为供热热源时，在有条件的地方充分利用太阳能、空气能等可再生能源，有利于减少一次能源的消耗。

1.2.3 针对农村住宅，本图集提供了以沼气利用、太阳能利用为主的互补供热系统形式。该系统在提高室内热舒适性的同时，还可以有效减少农村住宅供暖能耗。

1.2.4 住宅户内有多个卫生间且热水供水管道较长时，宜设置生活热水循环装置。

1.2.5 本图集居住建筑可再生能源多能互补供热系统名称、特点及适用范围详表1.2。

表1.1 公共建筑太阳能互补供暖系统名称、特点及适用范围

序号	系统名称	系统特点	适用范围
1	互补热源接入水箱的太阳能供暖系统	太阳能集热系统、互补热源均直接接入蓄热水箱，由蓄热水箱向供暖末端系统提供热量。本系统可实现太阳能蓄热系统、互补热源系统单独供暖，也可实现太阳能集热系统与互补热源联合供暖，系统控制比较简单	适用于太阳能资源丰富（或很丰富）、太阳能资源稳定（或很稳定）的地区，且运行管理水平较低、末端需求供水温度较低的建筑
2	互补热源与蓄热水箱串联接入末端的太阳能供暖系统	太阳能集热系统集热量存储于蓄热水箱，互补热源与蓄热水箱串联接入末端系统。本系统可实现太阳能蓄热系统、互补热源系统单独供暖，也可实现太阳能集热系统与互补热源联合供暖，系统控制较复杂	适用于太阳能资源丰富（或很丰富）、太阳能资源稳定（或很稳定）的地区，且建筑面积适中、管理水平较高、末端需求供水温度较低的建筑
3	互补热源与蓄热水箱并联接入末端的太阳能供暖系统	太阳能集热系统集热量存储于蓄热水箱，互补热源与蓄热水箱并联向供暖末端系统提供热量。本系统只能实现太阳能蓄热系统、互补热源系统单独运行，系统控制简单	适用于太阳能资源很丰富、太阳能资源很稳定的地区，且建筑面积适中、管理水平较低、末端需求供水温度较低的建筑

表1.2 居住建筑可再生能源多能互补供热系统名称、特点及适用范围

序号	系统名称	系统特点	适用范围
1	集中式太阳能（强制循环、间接换热）与电辅助供热系统	系统由集中太阳能集热系统和分户供热系统组成，所有用户共用太阳能集热系统，各用户独立设置辅助电加热装置。太阳能集热系统为强制循环、间接换热，有防冻要求时，采用防冻液为介质；无防冻要求时，采用水为介质	适用于太阳能资源很丰富且很稳定地区的多层或高层住宅、集体宿舍、周转房、公寓楼等
2	集中式太阳能（强制循环、间接换热）与燃气互补供热系统	系统由集中太阳能集热系统和分户供热系统组成，所有用户共用太阳能集热系统，各用户采用燃气热水采暖炉为互补热源。太阳能集热系统为强制循环、间接换热，有防冻要求时，采用防冻液为介质；无防冻要求时，采用水为介质	适用于太阳能资源丰富（或很丰富）及太阳能资源稳定（或很稳定）的地区且有燃气供应的多层或高层住宅、集体宿舍、周转房、公寓楼等
3	单户式太阳能（强制循环、直接换热/间接换热）与电辅助供热系统	利用太阳能作为供暖及生活热水热源，辅助热源为电加热装置。太阳能集热系统强制循环，有防冻要求时，太阳能集热系统与用热侧间接换热，集热系统内采用防冻液为介质；无防冻要求时，太阳能集热系统与用户侧直接换热，集热系统内采用水为介质	适用于太阳能资源很丰富及很稳定的地区且无其他热源或采用其他热源形式的经济性、合理性较差的单户住宅，及具有该条件的城镇多层或高层住宅分户独立供热系统
4	单户式太阳能（自然循环、直接换热/间接换热）与电辅助供热系统	利用太阳能作为供暖及生活热水热源，辅助热源为电加热装置。太阳能集热系统自然循环，有防冻要求时，太阳能集热系统与用热侧间接换热，集热系统内采用防冻液为介质；无防冻要求时，太阳能集热系统与用户侧直接换热，集热系统内采用水为介质	适用于太阳能资源很丰富及很稳定的地区且无其他热源或采用其他热源形式的经济性、合理性较差的单户住宅，及具有该条件的城镇多层或高层住宅分户独立供热系统
5	单户式太阳能（强制循环、直接换热/间接换热）与燃气互补供热系统	利用太阳能集热器和燃气采暖热水炉作为供暖及生活热水热源，利用燃气采暖热水炉内置的循环水泵、定压罐组成互补供热系统，除电动三通阀外无须增加其他设备。太阳能集热系统强制循环，有防冻要求时，太阳能集热系统与用热侧间接换热，集热系统内采用防冻液为介质；无防冻要求时，太阳能集热系统与用户侧直接换热，集热系统内采用水为介质	适用于有燃气供应、太阳能资源丰富（或很丰富）及太阳能资源稳定（或很稳定）地区的单户住宅，及具有该条件的城镇多层或高层住宅的分户独立供热系统
6	单户式太阳能（强制循环、直接换热/间接换热）与空气热能互补供热 系统	利用太阳能作为供暖及生活热水热源，采用热泵机组提升空气热能作为互补热源。太阳能集热系统强制循环，有防冻要求时，太阳能集热系统与用热侧间接换热，集热系统内采用防冻液为介质；无防冻要求时，太阳能集热系统与用户侧直接换热，集热系统内采用水为介质	适用于没有燃气供应、太阳能资源丰富（或很丰富）及太阳能资源稳定（或很稳定）地区的单户住宅，及具有该条件的城镇多层或高层住宅的分户独立供热系统
7	单户式空气热能与燃气互补供热系统	利用热泵机组和燃气采暖热水炉作为供暖及生活热水热源。利用燃气采暖热水炉内置的循环水泵、定压罐组成互补供热系统，除电动三通阀外无须增加其他设备。热泵循环系统与用热侧间接换热，夏季可供冷	适用于有燃气供应地区的单户住宅，及具有该条件的城镇多层或高层住宅的分户独立供热系统
8	单户式沼气与电辅助供热系统	沼气热水循环系统直接接入蓄热水箱，蓄热水箱内设辅助电加热装置，实现沼气热水循环系统单独供暖、控制简单方便，必要时使用辅助电加热装置	适用于有充足沼气、无其他辅助热源或采用其他辅助热源不经济的农村住宅

续表1.2

序号	系统名称	系统特点	适用范围
9	单户式沼气与太阳能（强制循环、间接换热）互补供热系统	沼气热水循环系统直接接入、太阳能集热系统间接换热蓄热水箱，实现沼气热水循环系统、太阳能集热系统单独供暖、控制简单	适用于太阳能资源很丰富及很稳定的地区且有充足沼气生产的农村住宅
10	单户式沼气与太阳能（强制循环、直接换热）互补供热系统	沼气热水循环系统、太阳能集热系统直接接入蓄热水箱，实现沼气热水循环系统、太阳能集热系统单独供暖、控制简单	适用于太阳能资源很丰富及很稳定的地区且有充足沼气生产的农村住宅
11	单户式沼气与空气热能互补供热系统	沼气热水循环系统直接接入、空气能集热系统间接换热蓄热水箱，实现沼气热水循环系统、空气能集热系统单独供暖、控制简单	适用于有充足沼气且热泵机组有较高运行效率地区的农村住宅

2 设计参数、负荷计算

2.1 设计参数

供暖室外设计计算参数及室内空气设计计算参数应按照现行国家标准《民用建筑供暖通风与空气调节设计规范》（GB 50736）的相关要求执行。四川省高海拔严寒、寒冷地区的民用建筑供暖室内设计温度应按照《四川省高寒地区民用建筑供暖通风设计标准》（DBJ 51/055）的要求执行。

2.2 公共建筑供暖负荷计算

公共建筑供暖负荷应按照现行国家及地方标准《民用建筑供暖通风与空气调节设计规范》（GB 50736）、《四川省高寒地区民用建筑供暖通风设计标准》（DBJ 51/055）规定的方法进行计算；

对于太阳能供暖系统，其负荷应按照《太阳能供热采暖工程技术规范》（GB 50495）的规定进行计算；对于被动式太阳能建筑，其供暖热负荷应采用动态负荷模拟方法计算确定。

2.3 住宅供热负荷计算

2.3.1 对于集中供热的系统，应分别计算生活热水和供暖热负荷，按照相关要求汇总后进行设备选型。

2.3.2 对于单户式供热系统，可分别计算生活热水和供暖负荷，按照两者较大值进行设备选型。

2.3.3 生活热水和供暖热负荷计算应分别按照现行国家标准《建筑给水排水设计规范》（GB 50015）、《民用建筑供暖通风与空气调节设计规范》（GB 50736）的要求执行。

3 太阳能供热系统设计

3.1 太阳能集热系统设计

3.1.1 太阳能集热面积及集热系统设计应按照《太阳能供热采暖工程技术规范》（GB 50495）的规定执行。

3.1.2 对于严寒、寒冷地区室外集热系统应考虑防冻措施，采用防冻液作为热媒介质时，系统应满足下列要求：

（1）应根据工程所在地的极端最低气温确定防冻液浓度，一般防冻液浓度对应的冰点温度（详本图集第57页）应低于工程所在地极端最低气温值5 ℃。

（2）集热系统应设计为间接换热，以降低系统的控制和操作难度。

（3）防冻液系统热交换器和管路系统应有良好的耐腐蚀性，防冻液需加入适当缓蚀剂。

（4）应定期对防冻液的浓度进行监测，防冻液浓度达不到要求时应及时采取必要的措施。防冻液还应根据生产商的要求定期更换，生产厂家没有具体要求时至少5年必须更换一次。

3.1.3 集热系统应有防过热措施，防过热措施应按下列要求执行：

（1）在系统中应设置安全阀等泄压装置，安全阀的设定开启压力应略小于系统可耐受的最高工作温度对应的饱和蒸汽压力。

（2）对于采用防冻液的集热系统，应监测防冻液温度，并采取措施保证防冻液温度不高于130 ℃，防止防冻液高温裂解。

（3）长期不供暖时，可采用高反射低透光型遮阳装置对太阳能集热器进行遮光，阻断热量来源。

（4）必要时应在集热系统环路中设置散热装置，系统温度过高时开启散热装置，降低系统温度。散热装置可采用冷却塔、空气冷却器及散热水池等方式。集热系统具有自动太阳追踪功能且其控制系统带有过热保护功能的，可不另行设置散热装置。

（5）在间歇供暖运行的系统中，在集热系统温度过高时，也可开启处于未运行状态的末端供暖设备来进行散热。

（6）对于利用土壤源热泵、地下水源热泵为互补热源的供暖系统，可在集热环路和地源侧环路之间设置换热器，系统过热时可通过换热器将多余热量转移至地下。

3.2 太阳能集热器的安装

3.2.1 屋面集中布置的集热器安装。

（1）太阳能集热器宜朝向正南，或在南偏东、偏西30 ℃的朝向范围内设置。

（2）在全年使用时，集热器的安装倾角宜取与当地纬度相等；在偏重于冬季使用时，倾角应加大至比当地纬度大10°~15°；在偏重于夏季使用时，则宜比当地纬度小10°。

（3）当太阳能集热器安装方位角和倾角偏离正南和当地纬度时应进行补偿计算。

（4）当集热器成两排或两排以上安装时，集热器之间的距离应通过计算确定，尽量避免相互遮挡。

（5）太阳能集热器不应跨越建筑变形缝设置。

3.2.2 壁挂式集热器安装。

（1）对于住宅，除了布置在屋面以外，在满足荷载要求的情况下，还可利用建筑阳台、女儿墙及墙面安装太阳能集热器。

（2）利用建筑阳台、女儿墙及墙面安装集热器时，应通过计算确定集热器的倾角，不得影响下层住户日照及其集热器得热。

（3）壁挂式集热器布置设计应与建筑专业协调，便于统一建筑立面风格，减轻相邻建筑的视觉影响。

（4）集热器安装应便于维护，不宜在无窗的侧墙上布置集热器。

3.2.3 太阳能集热器的连接

（1）采用自然循环的太阳能集热系统，宜采用阻力较小的并联方式连接；强制循环系统可采用串并联方式连接。

（2）集热器组并联时，各组并联的集热器数量宜相同，否则应采用流量调节装置进行流量平衡调节。

（3）各集热器组之间的连接推荐采用同程式连接。当不得不采用异程式连接时，在每个集热器组的支管上应增加平衡阀来调节流量平衡。

3.3 集热系统管网设计

3.3.1 太阳能集热系统的管网设计流量，可按照《太阳能供热采暖工程技术规范》（GB 50495）的规定，根据单位采光面积流量和集热器采光面积进行计算确定，也可根据厂家产品技术资料确定。

3.3.2 每一组太阳能集热器的管路最高点，应设置自动排气阀及安全阀。

3.4 对各专业的要求

太阳能集热系统的建设应纳入建筑工程建设，统一规划、同步设计、同步施工，与建筑工程同步验收并同时投入使用。

3.4.1 对建筑专业要求

（1）太阳能集热系统应与建筑有机结合，保持建筑统一和谐的外观，并与周围环境相协调。

（2）建筑周围的环境景观和绿化应避免对投射到太阳能集热器上的阳光造成遮挡。

（3）太阳能集热系统的建筑设计应合理确定太阳能集热系统各组成部分在建筑中的位置，在相应位置设置预埋和预留，并满足所在部位的防水、排水、安全防护和系统维护检修要求。

3.4.2 对结构专业的要求。

（1）建筑的主体结构或结构构件应能够承受太阳能集热系统传递的荷载和作用力。

（2）应对集热器安装形式的自身重力荷载、风荷载、雪荷载和地震作用效应进行校核，确保集热器的安全。

（3）应根据集热系统集热器运行重量和蓄热水箱重量，对安装位置进行结构荷载校核。

3.4.3对电气专业的要求

（1）建筑电气设计应满足太阳能集热系统的用电负荷和运行安全要求。

（2）太阳能集热系统所使用的电气设备应有过载与短路保护、剩余电流保护、接地和断电保护等安全措施。

（3）太阳能集热器安装在屋面时，集热系统应采取避雷措施。

（4）太阳能供热系统应设置自动控制系统以实现运行控制、防冻防过热保护控制等功能。当建筑设有楼宇自动化系统时，太阳能供热自控系统应纳入建筑楼宇自动化系统中进行统一管理。

3.5 其他注意事项

3.5.1 太阳能集热器的类型及集热系统形式应根据所在地区气候、自然资源条件、建筑类型、建筑使用功能、安装条件等因素综合确定。

3.5.2 太阳能供热系统应根据不同地区和使用条件采取防冻、防结露、防过热、防雷、防雹、抗风、抗震和保证电气安全等技术措施。

3.5.3 集热系统的设计还应考虑不破坏建筑物的结构、屋面和地面防水层、附属设施等因素。

4 空气源热泵及热泵热水机（器）系统设计

4.1 空气源热泵及热泵热水机（器）选择

4.1.1 采用空气源热泵机组作为公共建筑或住宅建筑供暖系统互补热源时，应利用空气源热泵机组提供夏季制冷负荷。建筑仅有热负荷需求时，宜选用单热型的空气源热泵机组。

4.1.2 对于无夏季制冷需求或夏季制冷冷源采用其他设备的住宅，可选用热泵热水机（器）（以下统称热泵热水机）作为供热系统互补热源（提供平时生活热水，并提供冬季供暖负荷）。此热泵热水机分为直接式和循环式，设计时应根据系统形式恰当选取。

4.1.3 严寒、寒冷地区仅采用空气源热泵机组（或热泵热水机）作为唯一供暖热源时，应考虑设置辅助热源，在满足规范要求的前提下，可采用电辅助加热措施。

4.1.4 空气源热泵机组（或热泵热水机）应具先进可靠的融霜控制，融霜时间总和不应超过运行周期时间的20%。

4.2 负荷计算及修正

4.2.1 建筑供暖热负荷计算应按照本说明第2.2、2.3条的规定执行。

4.2.2 建筑仅有供暖需求且采用空气源热泵机组作为公共建筑供暖唯一热源时，应根据供暖计算负荷选取设备；采用空气源热泵机组作为太阳能供暖系统的互补热源时，空气源热泵机组的容量应根据《四川省高寒地区民用建筑供暖通风设计标准》（DB J51/055—2016）第3.0.2条的规定通过计算确定。

4.2.3 采用热泵热水机作为住宅供热系统（提供生活热水并承担供暖热负荷）互补热源时，空气能热泵热水机的容量应根据生活热水热负荷确定，并不得小于供暖热负荷。

4.2.4 空气源热泵机组（或热泵热水机）的制热性能主要受室外环境温度和热水出水温度的影响。设备选择时，应根据工程所在地气候条件和工程对热水温度的要求合理确定设备容量。对于严寒、寒冷地区，宜选用低温型热泵作为供暖系统热源。

4.2.5 空气源热泵机组（或热泵热水机）的有效制热量应根据供暖室外计算温度、湿度及机组融霜控制方式，分别利用温度修正系数和融霜修正系数进行修正。

4.2.6 对于四川省高海拔地区，还需要根据空气密度对空气源热泵机组（或热泵热水机）的供热量做出修正，在缺少相关资料的情况应请设备厂家进行配合。

4.3 运行控制

4.3.1 采用空气源热泵机组制热时，热水型机组实际性能系数（COP）低于2.00时，宜考虑采用其他辅助热源制热。

4.3.2 热泵热水机不宜在机组允许的最低温度下运行。室外空气温度比热泵热水机的允许进风温度低2 ℃时，应停机并由辅助热源承担全部供暖负荷。

4.3.3 多能互补供暖（供热）系统中，空气源热泵机组、热泵热水机的运行策略以具体系统要求为准；有条件对建筑热负荷进行较为准确预测的情况下，热泵机组宜尽量安排在高效时间段运行。

4.4 布置设计

4.4.1 空气源热泵机组（或热泵热水机）设置位置应通风良好，避免气流短路及建筑物高温高湿排气；选择通风良好、排气顺畅的安装场所，勿将主机安装在有污染、灰尘多的地方。

4.4.2 机组基础高度一般应大于300 mm，布置在有可能积雪或结霜严重的地方时，基础高度需加高。

4.4.3 主机附近应有落水管用于排放机组运行过程中产生的凝结水或冬季化霜水。

4.4.4 机组底部必须安装减振装置，以减轻振动传至建筑物。

5 地源热泵系统设计

5.1 夏季有制冷负荷需求的建筑采用地源热泵机组作为供暖系统互补热源时，应利用地源热泵机组提供夏季制冷负荷，并宜选用带热泵机组热回收功能的热泵机组提供生活热水热负荷。

5.2 采用地源热泵机组作为太阳能供暖系统的互补热源时，地源热泵机组的容量应根据《四川省高寒地区民用建筑供暖通风设计标准》（DBJ 51/055—2016）第3.0.2条的规定通过计算确定。

5.3 采用地源热泵作为供热、供暖系统热源时，应满足国家现行标准《地源热泵系统工程技术标准》（GB 50366）的相关规定。

5.4 对于我省严寒、寒冷地区仅有供热负荷的建筑，无可靠土壤源热平衡措施时，不得选用土壤源热泵作为单一供热热源。对于利用太阳能作为热源的供暖系统，可利用非供暖季节太阳能集热作为土壤源热泵（互补热源）的热平衡措施。

6 锅炉及燃气采暖热水炉

6.1 负荷及选型

6.1.1 采用锅炉作为公共建筑供暖系统热源时，锅炉容量应根据供暖热负荷确定。采用锅炉作为太阳能供暖系统的互补热源时，锅炉的容量应根据《四川省高寒地区民用建筑供暖通风设计准》（DBJ 51/055—2016）第3.0.2条的规定通过计算确定。

6.1.2 住宅采用燃气采暖热水炉同时提供生活热水和承担供暖负荷时，供暖炉选型应同时兼顾供暖和供生活热水的需求，系统控制应以保证生活热水用热负荷为主。

6.1.3 住宅供热系统采用燃气采暖热水炉作为空气源热泵机组的互补热源时，控制策略应根据经济运行平衡点温度（详本图集第61页）确定。

6.1.4 燃气采暖热水炉必须带有保证使用安全的装置，应采用全封闭式燃烧、平衡式强制排烟型，并应保证循环水泵的扬程与末端散热设备相匹配。

6.1.5 以沼气为热源时，应选用专用沼气热水器。

6.2 设计及安装

6.2.1 锅炉设计及安装应满足现行国家标准《锅炉房设计规范》（GB 50041）、《城镇燃气设计规范》（GB 50028）相关规定的要求。

6.2.2 燃气采暖热水炉应安装在通风良好、有排气条件的厨房或非居住房间内，不得设置在浴室内。

6.2.3 液化石油气采暖热水炉不应设置在地下室和半地下室。当人工煤气和天然气燃具设置在半地下室和地上密闭厨房（无直通室外的门或窗）等部位时，应设置机械通风、燃气/烟气（一氧化碳）浓度检测报警等安全设施。

6.2.4 燃气采暖热水炉设置在室外或未封闭的阳台时，应选用室外型器具；室外燃具的排气筒不得穿过室内。

6.2.5 燃气采暖热水炉必须采用具有防倒烟、防串烟和防漏烟结构的烟道排烟。

安装强制给排气式燃气采暖热水炉时，必须采用套筒结构的给排气烟道；水平烟管应向室外倾斜3°~5°（内高外低），以利于凝结水的排出。

7 辅助电加热装置

7.1 采用直接电加热装置作为供暖系统辅助热源时，必须满足《公共建筑节能设计标准》（GB 50189）、《民用建筑供暖通风与空气调节设计规范》（GB 50-736）相关规定的要求。

7.2 辅助电加热装置应有专门的温控器和过热保护器，应具有水温控制和缺水超温保护功能。

7.3 辅助电加热装置安装于水箱内作为辅助热源的，宜以水箱最低温度作为温度控制点。

7.4 辅助电加热装置应采用专用回路供电，并应安装具备剩余电流动作保护功能的断路器，断路器的规格应与电热水器的功率相匹配。

7.5 应采取可靠的措施防止干烧。当水流正常且确有必要进行辅助加热时，方能启动电加热器。

8 蓄热水箱

8.1 太阳能蓄热系统应设置蓄热水箱，蓄热水箱的容积应根据当地的太阳能资源、气候、工程投资、蓄热时间周期、蓄热量、太阳能集热器采光面积等因素综合考虑进行确定，并应按照现行国家标准《太阳能供热采暖工程技术规范》（GB 5-0495）的相关规定执行，对于同时提供生活热水的蓄热水箱，还需按照生活热水用量校核蓄热水箱体积。

8.2 蓄热水箱管路布置宜遵循下列原则：

（1）应按要求设置补水管、排水排污管、溢流管，并宜设置水位监测装置。

（2）蓄热水箱用户侧热水出水管应设在水箱上部区域，其回水管应设在水箱下部区域。

（3）当互补热源接入蓄热水箱上时，互补热源供水管、回水管宜分别设置在与用户侧热水供水管、回水管相同高度。

8.3 蓄热水箱内水温分层能达到节能目的，水箱设计时应采取有利于水温分层的措施以达到节能目的。水箱进、出口处流速宜小于0.1 m/s，必要时宜采用水流分布器。

8.4 蓄热水箱位于系统最高处时，宜采用开式常压蓄热水箱，兼系统的膨胀、定压、补水。当蓄热水箱无法布置在系统最高处时，应采用闭式承压蓄热水箱，并根据其在系统上的位置校核承压荷载，同时系统应另行设置补水、膨胀及定压装置。

8.5 对于设置于系统最高位置的开式蓄热水箱，若采用生活饮用水补水，补水口与蓄热水箱最高液面应有必要的距离以满足空气隔断的要求。对于住宅供热系统采用的承压水箱蓄热且直接用生活饮用水补水时，补水管上应设置倒流防止器。

8.6 太阳能集热系统的蓄热水箱大小对于提高供暖系统热效率、增加集热系统有效集热量、减小互补热源能源消耗等都有密切的关系。蓄热水箱体积可按照《太阳能供热采暖工程技术规范》（GB 50495）的规定确定，有条件时可采用动态模拟优化设计。系统较大时，采用多个水箱蓄热并根据末端负荷情况合理确定参与运行的水箱数量，有利于提高系统效率（采用多个水箱时，互补热源可仅接入其中一个蓄热水箱）。

8.7 蓄热水箱应有良好的保温措施。

9 多能互补系统运行控制

9.1 多能互补供暖、供热系统应设置自动控制系统，并应首先保证系统安全可靠运行。对于太阳能集热系统，需要考虑到系统所有可能的运行模式，如集热、放热、停电保护、防冻保护、辅助加热、过热防护和排水等。

9.2 考虑到四川高海拔严寒、寒冷地区管理、维修困难，控制系统应选择可靠的控制器和传感器，并遵循简单可靠的原则，采用易于操作的控制方法。

9.3 对于可再生能源与常规能源互补的供热、供暖系统，控制策略宜符合可再生能源利用优先的原则；对于太阳能集热系统与其他系统联合运行时，应坚持太阳能利用优先的原则进行系统设计。

图 例	名 称
	太阳能集热器
	燃气采暖热水炉/沼气热水器
	空气源热泵机组
	蓄热水箱
	空气冷却器
	板式换热器
	地板辐射供暖分集水器
	淋浴龙头
	水龙头
	定压膨胀罐
	气水分离器
TG	太阳能集热侧供液管
TH	太阳能集热侧回液管
RG	用户侧供暖供水管
RH	用户侧供暖回水管
LG	冷却器供水管
LH	冷却器回水管
SG	输送循环供水管
SH	输送循环回水管

图 例	名 称
FG	互补热源供水管
FH	互补热源回水管
J	自来水供水管
RJ	生活热水供水管
	介质流向
	循环水泵
	变径管
	水表
	自动排气阀
	电动二通阀
	电动三通阀
	止回阀
	软接头
	浮球阀
	Y型过滤器
	通用水阀
	倒流防止器
	温度计
	平衡阀

图 例	名 称
E.M	热计量表
	压力表
	安全阀
ΔP	压差传感器
T TN	温度传感器
F	流量传感器
Tg	空气干球温度传感器
P	压力传感器
Ts	空气湿球温度传感器
LT	液位传感器
Ri	辐射照度传感器
MT	空气温湿度传感器
HMN	热量传感器
AnC	防冻液浓度传感器
DI	数字输入信号
DO	数字输出信号
AI	模拟输入信号
AO	模拟输出信号

图例

图集号 川2017T124-TY

审核 邹秋生 校对 王曦 王瑞 设计 栗昕 吴银萍

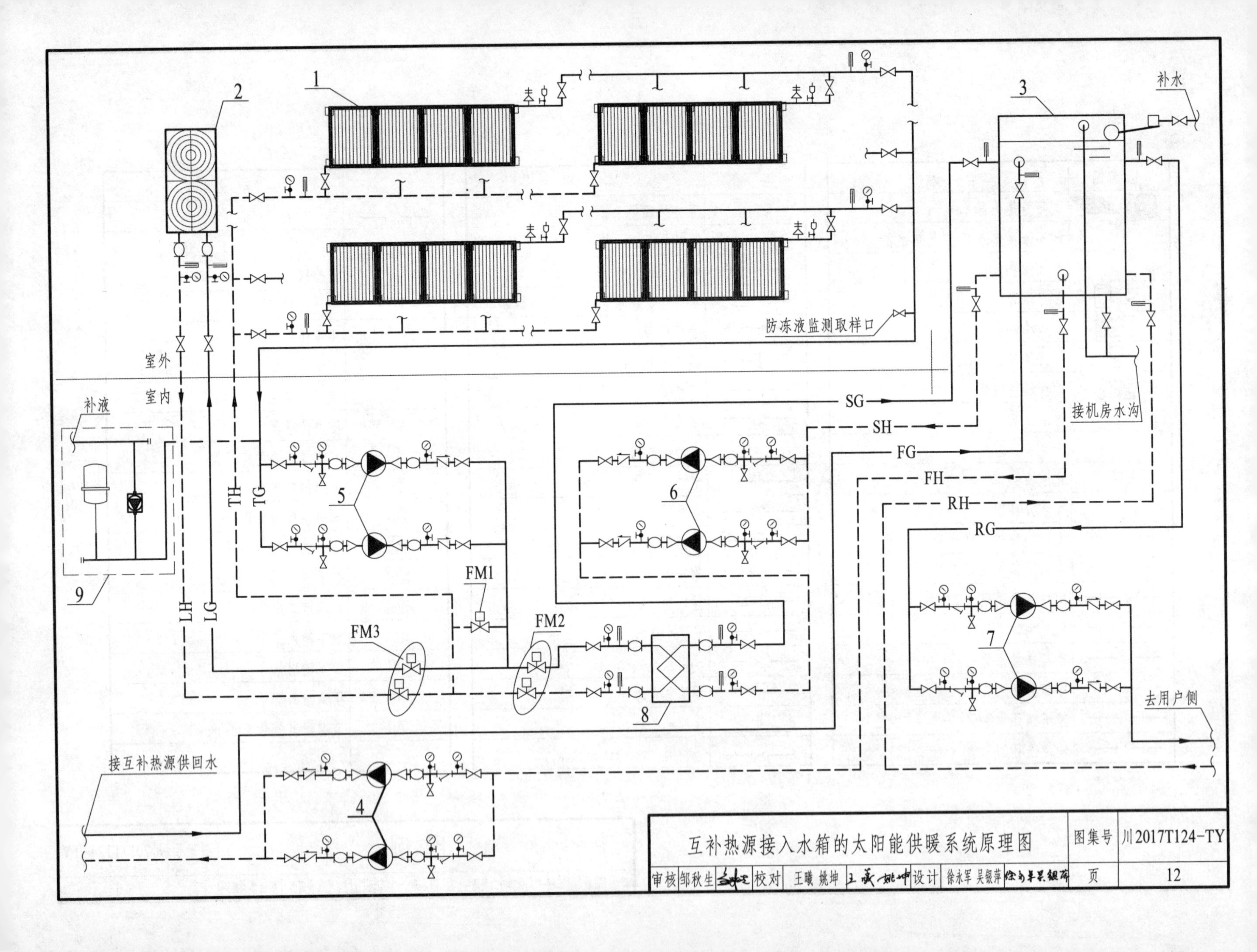
1
2
3
补水
防冻液监测取样口
室外
室内
补液
SG
SH
FG
FH
RH
RG
接机房水沟
TH
TG
5
6
FM1
FM2
FM3
9
LH
LG
8
7
去用户侧
接互补热源供回水
4
互补热源接入水箱的太阳能供暖系统原理图
图集号
川2017T124-TY
审核
邹秋生
校对
王曦 姚坤
设计
徐永军 吴银萍
页
12

互补热源接入水箱的太阳能供暖系统设计说明

1 系统组成及特点

1.1 本系统由太阳能集热系统（包括集热循环、蓄热循环及散热循环）、互补热源系统、用户侧供暖系统组成。太阳能集热系统产生的热水经过板式换热器换热后将热量储存于蓄热水箱，用户侧供暖系统从蓄热水箱获取供暖所需热负荷。本系统主要适用于管理水平较低地区，蓄热水箱体积较小的中小型供热系统。

1.2 太阳能集热系统包括集热循环、蓄热循环和散热循环，本系统采用空气冷却器SR散热，蓄热水箱位于系统最高点，具有补水、定压和膨胀功能。各循环系统包含的设备如下：

集热循环：太阳能集热器、电动阀FM1及FM2、防冻液循环泵B3；

蓄热循环：板式换热器、蓄热循环泵B2、开式蓄热水箱；

散热循环：电动阀FM3、空气冷却器SR。

1.3 用户侧供暖系统主要设备为：供暖循环泵B1、末端供暖设备；

1.4 互补热源系统主要设备为：互补热源、互补热源循环泵B4。

2 太阳能集热系统

太阳能集热系统设计详本图集第27页。

3 用户侧供暖系统

3.1 设计工况下用户侧供暖供回水温度应结合水箱蓄热温度、供暖末端设备选型等综合考虑，建议采用低温热水供暖系统，末端设备采用低温热水辐射末端或风机盘管。末端采用散热器时，应根据供暖末端负荷及供回水温度校核散热片数量。

3.2 用户侧应采用满足系统温度要求的管材。

3.3 供暖末端应设置可以调节温度的装置。

4 互补热源系统

本系统未对互补热源做出设计，可结合实际工程所在地能源情况，通过经济合理性比较后，确定采用空气源热泵、地源热泵、锅炉等方式，并应满足设计选用说明中的技术要求（详本图集第8~9页）。

5 其他

5.1 系统可实现太阳能集热系统、互补热源系统单独供暖，也可实现两者同时为末端系统提供热量，控制简单、操作方便。

5.2 系统总体控制思路为：用户侧供暖系统根据末端运行需要启停；集热系统有热收益且水箱水温不超过水箱允许的最高温度时，太阳能集热系统的集热循 环和蓄热循环开启；用户侧供暖系统处于运行状态且水箱水温低于末端供暖所需最低温度时，启动互补热源系统；太阳能集热系统的蓄热循环处于关闭状态且集热器温度超过集热器过热温度阈值时，启动散热循环。

5.3 根据实际情况在需要水电计量的部分设置水电计量装置。

主要设备表

序号	设备名称	序号	设备名称
1	太阳能集热器	6	蓄热循环泵B2
2	空气冷却器SR	7	供暖循环泵B1
3	开式蓄热水箱	8	板式换热器
4	互补热源循环泵B4	9	膨胀定压装置（套）
5	防冻液循环泵B3		

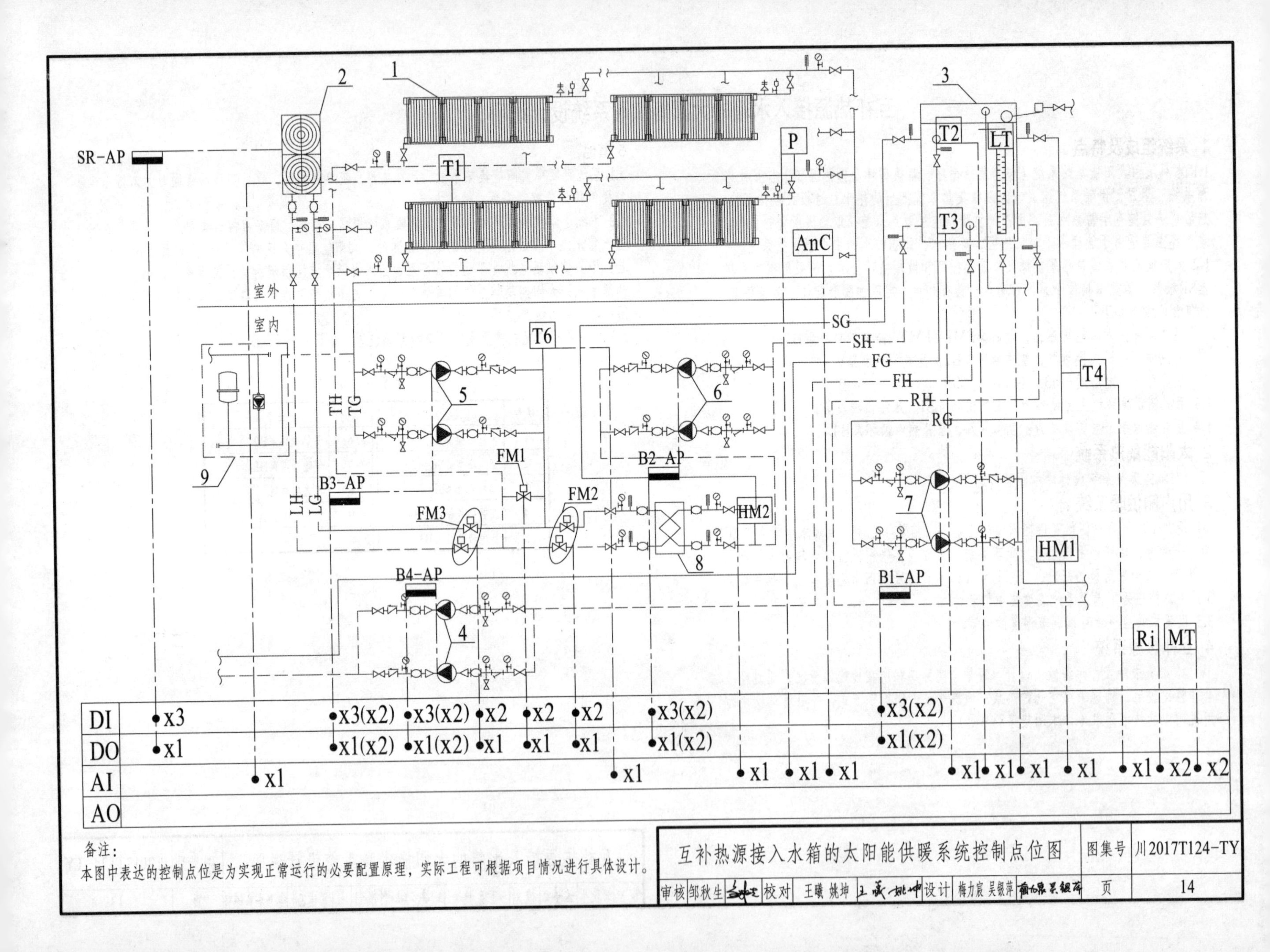

1
2
3
SR-AP
T1
T2
T3
LT
P
AnC
室外
室内
SG
SH
FG
FH
RH
RG
T6
T4
TH
TG
5
6
9
B2-AP
B3-AP
LH
LG
FM1
FM2
FM3
HM2
8
7
HM1
B4-AP
B1-AP
4
Ri
MT
DI
DO
AI
AO
x3
x1
x3(x2)
x1(x2)
x2
x2
备注：
本图中表达的控制点位是为实现正常运行的必要配置原理，实际工程可根据项目情况进行具体设计。
互补热源接入水箱的太阳能供暖系统控制点位图
图集号
川2017T124-TY
审核
邹秋生
校对
王曦 姚坤
设计
梅力宸 吴银萍
页
14

互补热源接入水箱的太阳能供暖系统控制说明

1 基本原则

控制系统应该在保证系统安全的情况下，最大化实现太阳能资源的利用，以减少互补系统运行时间，达到节省能源、保护环境的目的。控制系统应能有效防止系统过热，并避免低温有结冻危险时对蓄热循环造成破坏，并做到简单容易操作。

2 温度设定

本系统采用低温末端换热设备，各循环回路的温度设定如下：

2.1 末端系统设计供水温度为45 ℃。

2.2 蓄热水箱最低水温为40 ℃，最高允许水温设定为80 ℃（根据工程所在地水的沸点温度校核，详本图集第60页）。

2.3 集热系统（集热器内）防冻液正常温度应低于100 ℃，系统过热临界点温度设定为105 ℃。

2.4 互补热源循环系统设计供水温度为45 ℃。

3 传感器及主要控制阀门

3.1 传感器、主要阀门设置及设备监控功能表详本图集第28页；

3.2 系统初始状态：

设备阀件名称	动作或状态
互补热源	关闭
冷却器SR	关闭
循环水泵	B1关闭、B2关闭、B3关闭、B4关闭
电动二通阀	FM1开、FM2关，FM3关

4 用户侧供暖系统运行控制策略

4.1 用户侧供暖系统根据末端供暖需求启停：用户侧需要供暖时，启动用户供暖循环泵B1；用户侧无供暖需求时，关闭用户侧供暖循环泵B1。

4.2 由于太阳能资源的不稳定性，实际运行中蓄热水箱温度有相应变化，末端供暖设备应设置温控装置。

4.3 用户侧循环泵宜采用变频控制。

5 互补热源系统运行控制策略

5.1 用户侧供暖循环处于运行状态且$T_4<40$ ℃时，表明蓄热水箱供热能力不足，应按照互补热源开机顺序要求启动互补热源循环泵B4和互补热源；

5.2 互补热源系统处于运行状态且$T_4>45$ ℃时，表明热源侧提供的热量已大于末端用户侧供暖需求，应按照互补热源关机顺序要求关闭互补热源和互补热源循环泵B4。

6 太阳能系统运行控制策略

太阳能集热系统控制策略详本图集第27页。

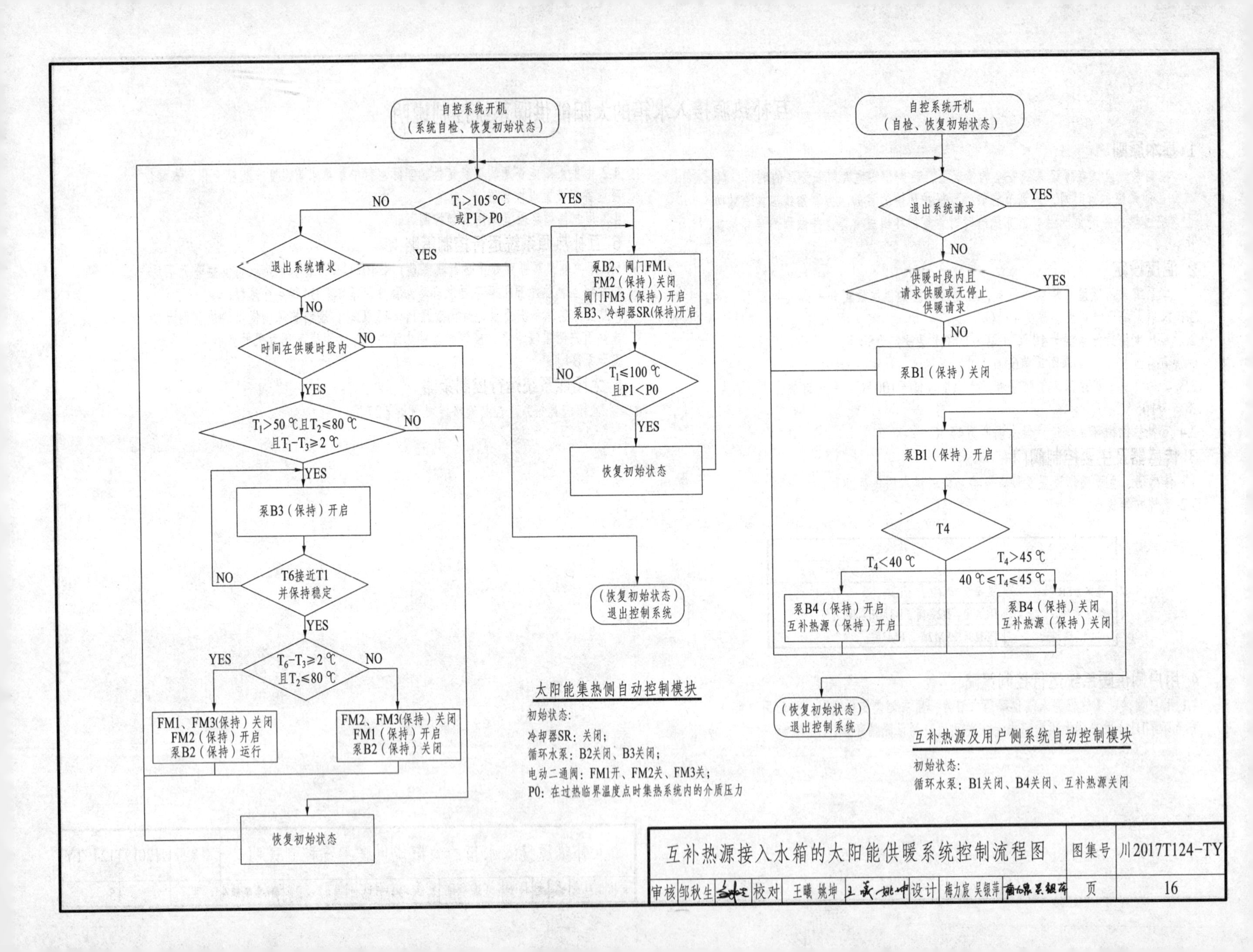

自控系统开机
（系统自检、恢复初始状态）
T1＞105 ℃
或P1＞P0
NO
YES
退出系统请求
YES
NO
时间在供暖时段内
NO
YES
T1＞50 ℃且T2≤80 ℃
且T1−T3≥2 ℃
NO
YES
泵B3（保持）开启
T6接近T1
并保持稳定
NO
YES
T6−T3≥2 ℃
且T2≤80 ℃
YES
NO
FM1、FM3(保持）关闭
FM2（保持）开启
泵B2（保持）运行
FM2、FM3(保持）关闭
FM1（保持）开启
泵B2（保持）关闭
恢复初始状态
泵B2、阀门FM1、
FM2（保持）关闭
阀门FM3（保持）开启
泵B3、冷却器SR(保持)开启
T1≤100 ℃
且P1＜P0
NO
YES
恢复初始状态
（恢复初始状态）
退出控制系统
太阳能集热侧自动控制模块
初始状态：
冷却器SR：关闭；
循环水泵：B2关闭、B3关闭；
电动二通阀：FM1开、FM2关、FM3关；
P0：在过热临界温度点时集热系统内的介质压力
自控系统开机
（自检、恢复初始状态）
退出系统请求
YES
NO
供暖时段内且
请求供暖或无停止
供暖请求
YES
NO
泵B1（保持）关闭
泵B1（保持）开启
T4
T4＜40 ℃
T4＞45 ℃
40 ℃≤T4≤45 ℃
泵B4（保持）开启
互补热源（保持）开启
泵B4（保持）关闭
互补热源（保持）关闭
（恢复初始状态）
退出控制系统
互补热源及用户侧系统自动控制模块
初始状态：
循环水泵：B1关闭、B4关闭、互补热源关闭
互补热源接入水箱的太阳能供暖系统控制流程图
图集号
川2017T124−TY
审核
邹秋生
校对
王曦 姚坤
设计
梅力宸 吴银萍
页
16

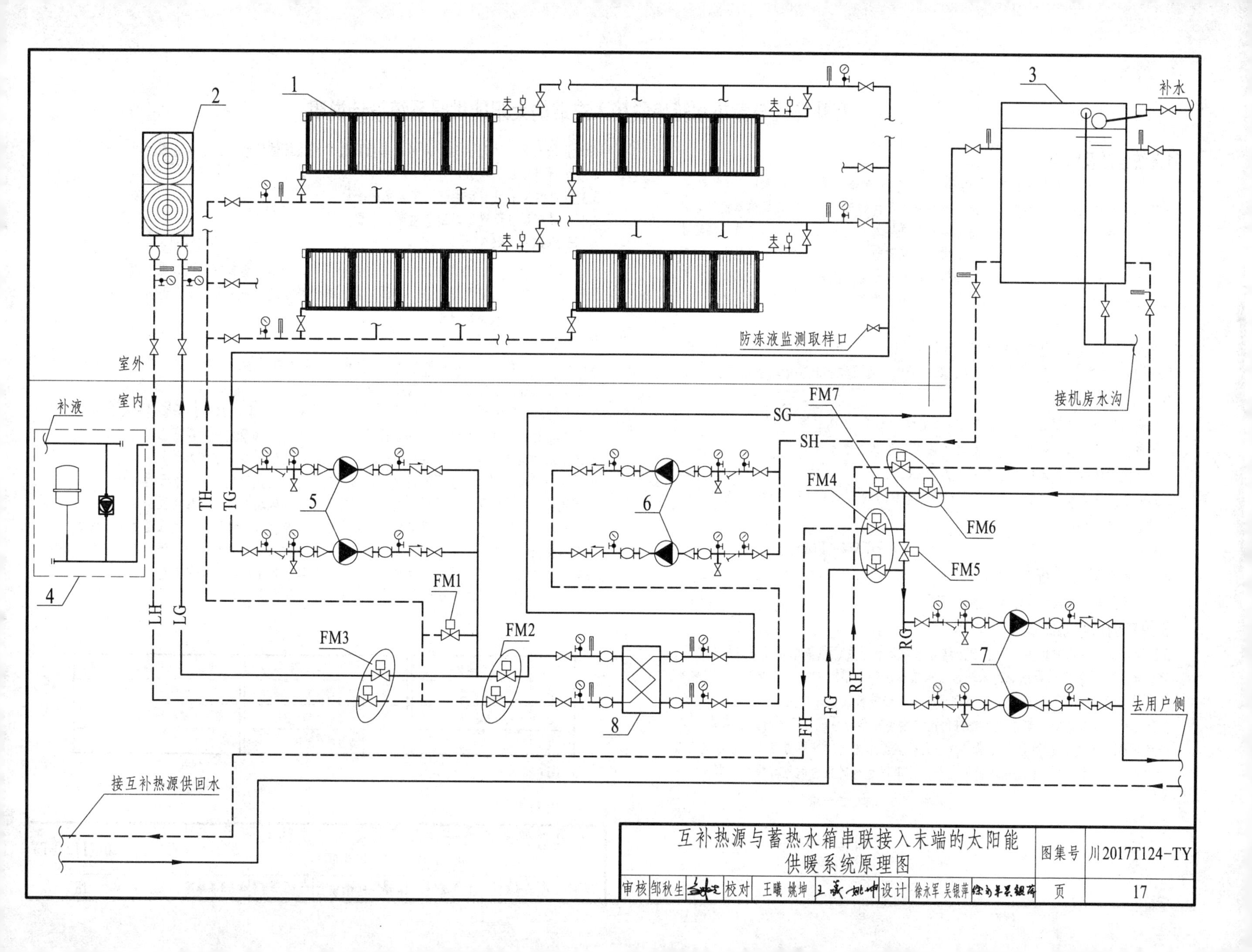

互补热源与蓄热水箱串联接入末端的太阳能供暖系统原理图		图集号	川2017T124-TY
审核 邹秋生 校对 王曦 姚坤 设计 徐永军 吴银萍		页	17

互补热源与蓄热水箱串联接入末端的太阳能供暖系统设计说明

1系统组成及特点

1.1 本系统由太阳能集热系统（包括集热循环、蓄热循环及散热循环）、互补热源系统、用户侧供暖系统组成。太阳能集热系统产生的热水经过板式换热器换热后将热量传入蓄热水箱，互补热源与蓄热水箱串联接入末端管网系统。本系统可实现蓄热水箱、互补热源分别单独给用户侧供暖，在蓄热水箱温度未达到用户侧供暖温度时，也可组成串联供热系统，由互补热源再次提升温度达到供暖要求。本系统可实现太阳能最大化利用，但控制较为复杂，适用于管理水平高、面积比较适中的工程。

1.2 太阳能集热系统包括集热循环、蓄热循环和散热循环。本系统采用空气冷却器SR散热，蓄热水箱位于系统最高点，具有补水、定压和膨胀功能。各循环系统包含的设备如下：

集热循环：太阳能集热器、电动阀FM1及FM2、防冻液循环泵B3；

蓄热循环：板式换热器、蓄热循环泵B2、开式蓄热水箱；

散热循环：电动阀FM3、空气冷却器SR。

1.3 用户侧供暖系统主要设备为：供暖循环泵B1、电动阀FM5、FM6、FM7、末端供暖设备。

1.4 互补热源系统主要设备为：互补热源、电动阀FM4、FM5。

2 太阳能集热系统

太阳能集热系统设计详本图集第27页。

3 用户侧供暖系统

3.1 设计工况下用户侧供回水温度应结合水箱蓄热温度、供暖末端设备等综合考虑，建议采用低温热水供暖系统，末端设备采用低温热水辐射末端或风机盘管。末端采用散热器时，应根据末端负荷及供回水温度仔细校核散热片数量。

3.2 互补热源与蓄热水箱串联供暖时，用户供暖回路为系统最不利环路，用户供暖循环泵B1的选型应按照该工况确定。当互补热源水系统管网阻力较小时，可适当增加供暖循环泵B1的扬程，使之满足互补热源串联运行时系统的压力需求。当互补热源水系统管网阻力较大时，应考虑单独配置互补系统循环水泵，用以克服互补热源系统串联运行时增加的阻力。

3.3 用户侧应采用满足系统温度要求的管材。

3.4 供暖末端应设置可以调节温度的装置。

4 互补热源系统

本系统未对互补热源做出设计，可结合实际工程所在地能源情况，通过经济合理性比较后，确定采用空气源热泵、地源热泵、锅炉等方式，并应满足设计选用说明中的技术要求（详本图集第8~9页）。

5 其他

5.1 本系统可实现太阳能侧集热及蓄热系统、互补热源系统单独供暖，也可实现两者同时为末端系统提供热量，但控制较为复杂。

5.2 系统总体控制思路为：用户侧供暖系统根据末端运行需要启停；不管用户侧供暖系统是否运行，只要集热系统有热收益且水箱水温不超过水箱允许的最高温度时，太阳能集热系统的集热循环和蓄热循环开启；太阳能集热系统的蓄热循环处于关闭状态且集热器温度超过集热器过热温度阈值时，启动散热循环；用户侧供暖系统处于运行状态但水箱温度低于末端供暖所需最低温度且太阳能蓄热循环未运行时，单独由互补热源系统供暖；用户侧供暖系统处于运行状态且蓄热水箱水温高于末端供暖设计供水温度时，由蓄热水箱提供供暖所需热量；用户侧供暖系统处于运行状态且蓄热水箱水温处于供暖最低温度和设计供水温度之间时，互补热源与水箱串联提供末端供暖所需热量。

5.3 可根据实际情况在需要水电计量的部分设置水电计量装置。

主要设备表

序号	设备名称	序号	设备名称	序号	设备名称
1	太阳能集热器	4	膨胀定压装置（套）	7	供暖循环泵B1
2	空气冷却器SR	5	防冻液循环泵B3	8	板式换热器
3	开式蓄热水箱	6	蓄热循环泵B2		

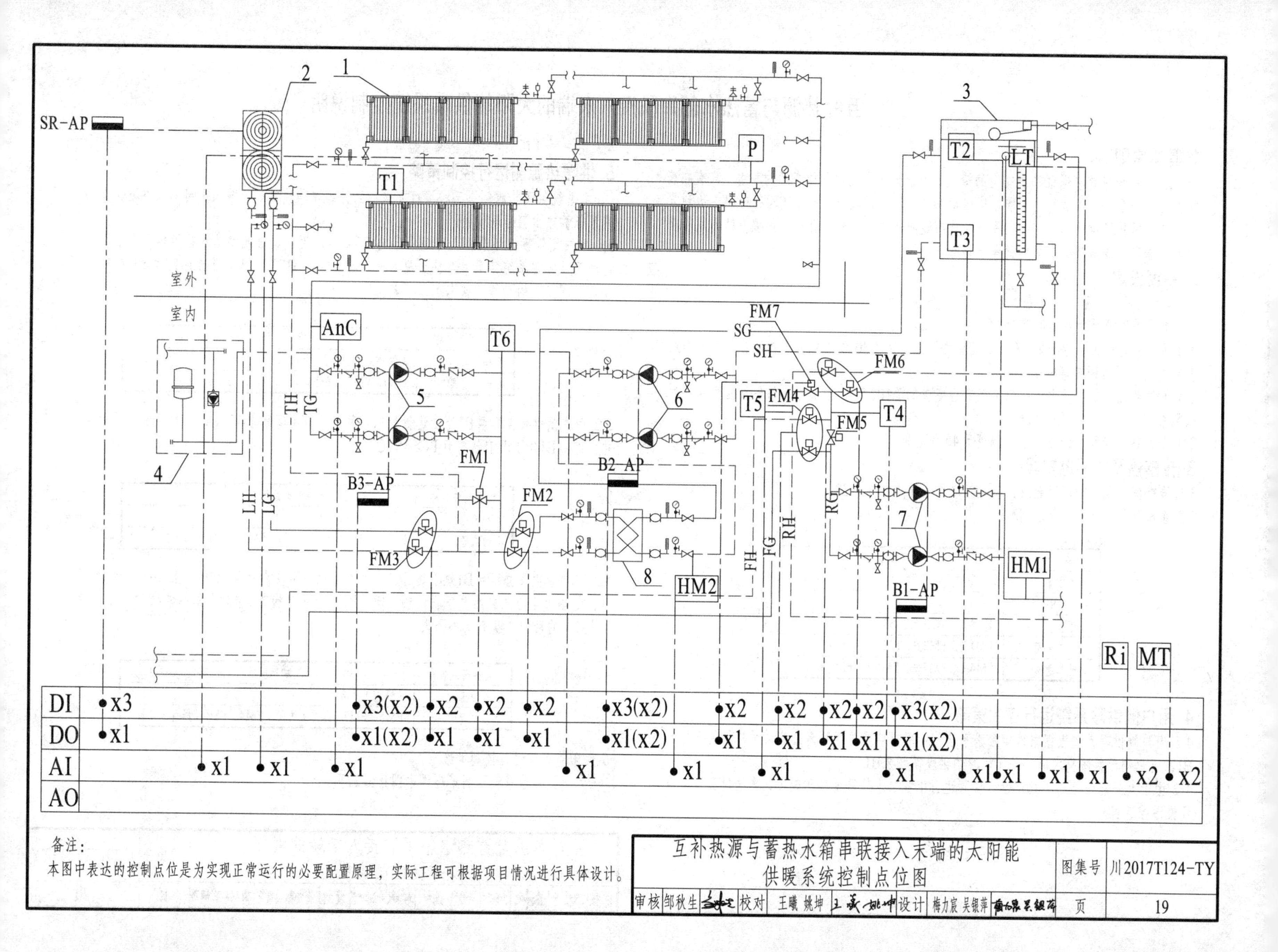
SR-AP
1
2
3
P
T1
T2
LT
T3
室外
室内
AnC
T6
SG
SH
FM7
FM6
5
6
TH
TG
T5
FM4
FM5
T4
4
B2-AP
FM1
B3-AP
FM2
LH
LG
FM3
8
HM2
FH
FG
RH
RG
7
HM1
B1-AP
Ri
MT
DI
DO
AI
AO
x3
x1
x3(x2)
x1(x2)
x2
x1
x2
备注：
本图中表达的控制点位是为实现正常运行的必要配置原理，实际工程可根据项目情况进行具体设计。
互补热源与蓄热水箱串联接入末端的太阳能
供暖系统控制点位图
图集号
川2017T124-TY
审核 邹秋生
校对 王曦 姚坤
设计 梅力宸 吴银萍
页
19

互补热源与蓄热水箱串联接入末端的太阳能供暖系统控制说明

1 基本原则

控制系统应该在保证系统安全的情况下，最大化实现太阳能资源的利用，只有在确实需要互补系统投入运行的时候才能启动互补热源，以减少互补系统运行时间，达到节省能源、保护环境的目的。控制系统应能有效防止系统过热，并避免低温有结冻危险时对蓄热循环造成破坏，并做到简单容易操作。

2 温度设定

本系统采用低温末端设备，各循环回路的温度设定如下：

2.1 末端系统设计供水温度为45 ℃。

2.2 蓄热水箱最低水温为40 ℃，最高允许水温设定为80 ℃（根据工程所在地水的沸点温度校核，详本图集第60页）。

2.3 集热系统（集热器内）防冻液正常温度应低于100 ℃，系统过热临界点温度设定为105 ℃。

2.4 互补热源循环系统设计供水温度为45 ℃。

3 传感器及主要控制阀门

3.1 传感器、主要阀门设置及设备监控功能表详本图集第28页。

3.2 系统初始状态：

设备阀件名称	动作或状态
互补热源	关闭
冷却器SR	关闭
循环水泵	B1关闭、B2关闭、B3关闭
电动二通阀	FM1开、FM2关，FM3关
电动二通阀	FM4关、FM7关、FM5开、FM6开

4 用户侧供暖系统运行控制策略

4.1 用户侧供暖系统根据末端供暖需求启停：用户侧需要供暖时，启动用户供暖循环泵B1；用户侧无供暖需求时，关闭用户侧供暖循环泵B1。

4.2 由于太阳能资源的不稳定性，实际运行中蓄热水箱温度变化较大，末端供暖设备应设置温控装置。

4.3 用户侧循环泵宜采用变流量控制。

5 供暖热源侧运行控制策略

本系统供暖热源侧有三种运行方式：互补热源单独供暖、蓄热水箱单独供暖、互补热源与蓄热水箱串联供暖。

5.1 用户侧供暖循环泵B1处于运行状态且T_2<40 ℃时，表明蓄热水箱供热能力不足，启动互补热源系统，采用互补热源单独供暖。即：B1（保持）开启且T2<40 ℃时，设备（阀门）的动作（状态）如下表：

设备阀件名称	动作或状态
互补热源	（保持）开启
电动二通阀	FM4、FM7（保持）开启，FM5、FM6（保持）关闭

5.2 用户侧供暖循环泵B1处于运行状态且蓄热水箱温度高于45 ℃时，蓄热水箱单独供热。即：B1处于开启状态且T_2>45 ℃时，设备（阀门）的动作（状态）如下表：

设备阀件名称	动作或状态
互补热源	（保持）关闭
电动二通阀	FM4、FM7（保持）关闭，FM5、FM6（保持）开启

5.3 用户侧供暖循环泵B1处于运行状态，蓄热水箱温度大于等于40 ℃且小于等于45 ℃时，蓄热水箱与互补热源串联供热。即：B1处于开启状态、40 ℃≤T_2≤45 ℃时，设备（阀门）的动作（状态）如下表：

设备阀件名称	动作或状态
互补热源	（保持）开启
电动二通阀	FM5、FM7（保持）关闭，FM4、FM6（保持）开启

6 太阳能系统运行控制策略

太阳能集热系统控制策略详本图集第27页。

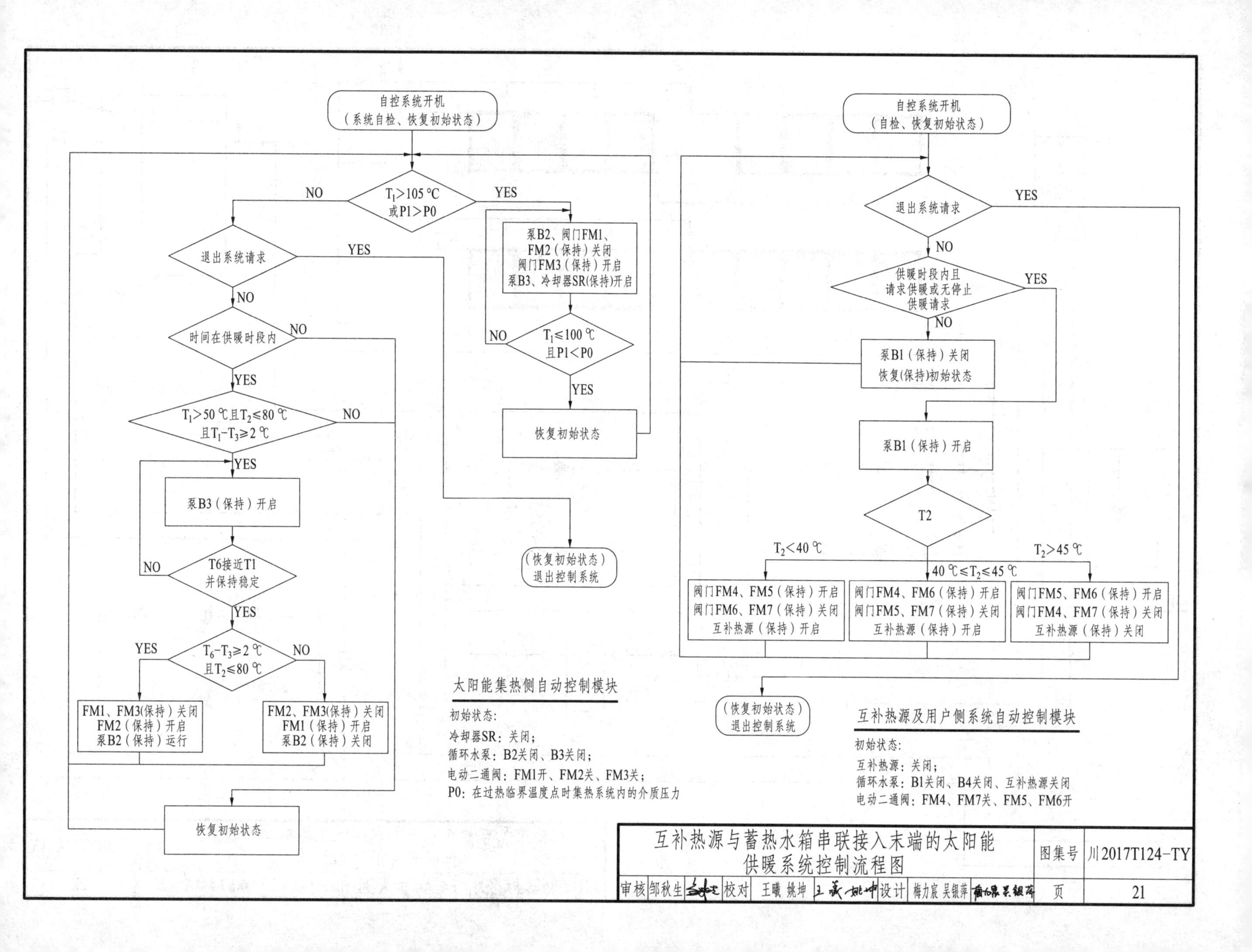

自控系统开机
（系统自检、恢复初始状态）
T_1>105 ℃
或P1>P0
NO
YES
退出系统请求
YES
NO
泵B2、阀门FM1、
FM2（保持）关闭
阀门FM3（保持）开启
泵B3、冷却器SR(保持)开启
时间在供暖时段内
NO
YES
NO
$T_1\leq$100 ℃
且P1<P0
YES
T_1>50 ℃且$T_2\leq$80 ℃
且$T_1-T_3\geq$2 ℃
NO
YES
恢复初始状态
泵B3（保持）开启
NO
T6接近T1
并保持稳定
（恢复初始状态）
退出控制系统
YES
YES
$T_6-T_3\geq$2 ℃
且$T_2\leq$80 ℃
NO
FM1、FM3(保持）关闭
FM2（保持）开启
泵B2（保持）运行
FM2、FM3(保持）关闭
FM1（保持）开启
泵B2（保持）关闭
恢复初始状态
太阳能集热侧自动控制模块
初始状态：
冷却器SR：关闭；
循环水泵：B2关闭、B3关闭；
电动二通阀：FM1开、FM2关、FM3关；
P0：在过热临界温度点时集热系统内的介质压力
自控系统开机
（自检、恢复初始状态）
退出系统请求
YES
NO
供暖时段内且
请求供暖或无停止
供暖请求
YES
NO
泵B1（保持）关闭
恢复(保持)初始状态
泵B1（保持）开启
T2
T_2<40 ℃
T_2>45 ℃
40 ℃$\leq T_2\leq$45 ℃
阀门FM4、FM5（保持）开启
阀门FM6、FM7（保持）关闭
互补热源（保持）开启
阀门FM4、FM6（保持）开启
阀门FM5、FM7（保持）关闭
互补热源（保持）开启
阀门FM5、FM6（保持）开启
阀门FM4、FM7（保持）关闭
互补热源（保持）关闭
（恢复初始状态）
退出控制系统
互补热源及用户侧系统自动控制模块
初始状态：
互补热源：关闭；
循环水泵：B1关闭、B4关闭、互补热源关闭
电动二通阀：FM4、FM7关、FM5、FM6开
互补热源与蓄热水箱串联接入末端的太阳能
供暖系统控制流程图
图集号
川2017T124-TY
审核 邹秋生
校对 王曦 姚坤
设计 梅力宸 吴银萍
页
21

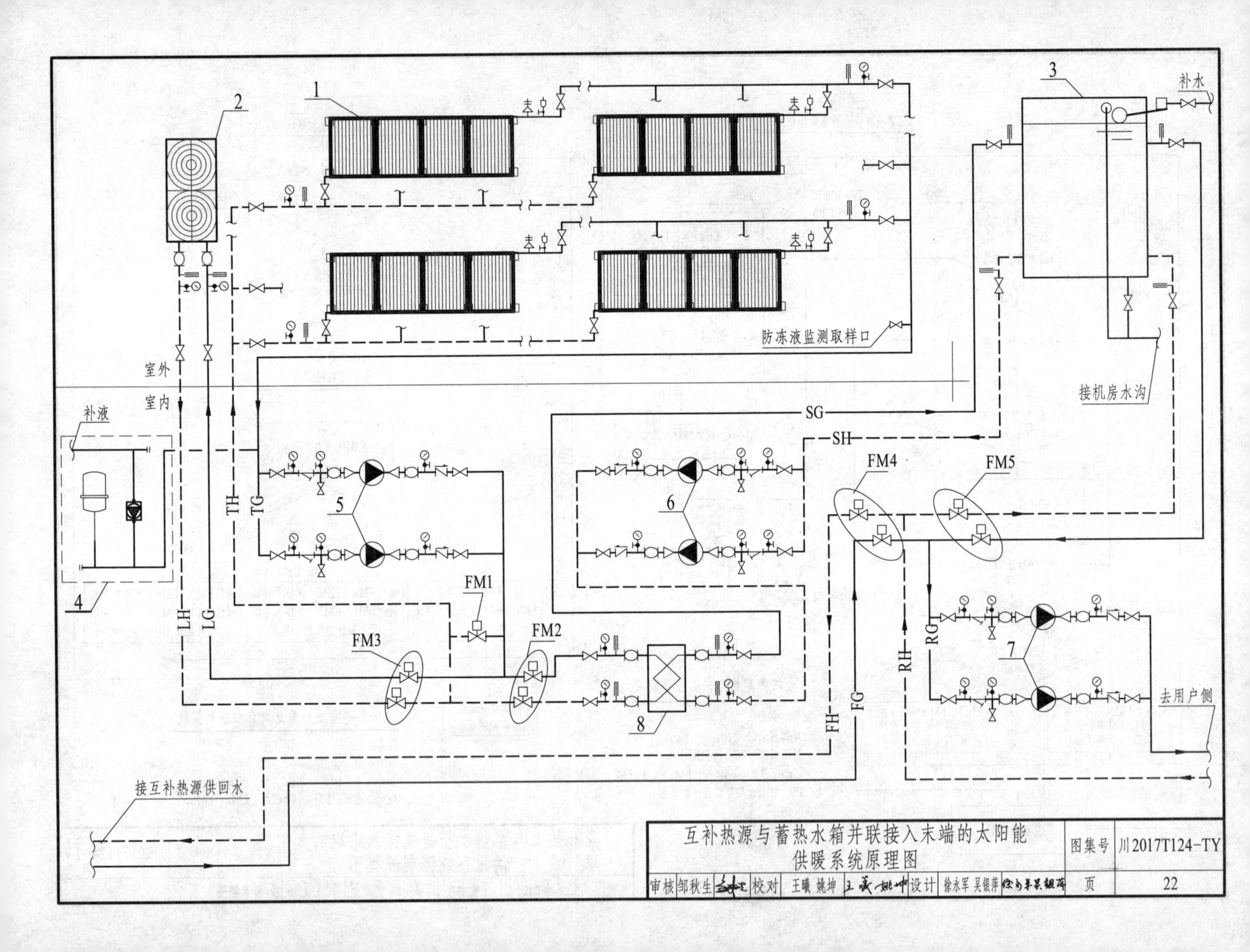

互补热源与蓄热水箱并联接入末端的太阳能供暖系统原理图						图集号	川2017T124-TY
审核	邹秋生	校对	王曦 姚坤	设计	徐永军 吴银萍	页	22

互补热源与蓄热水箱并联接入末端的太阳能供暖系统设计说明

1 系统组成及特点

1.1 本系统由太阳能集热系统（包括集热循环、蓄热循环及散热循环）、互补热源系统、用户侧供暖系统组成。太阳能集热系统产生的热水经过板式换热器换热后将热量传入蓄热水箱，互补热源与蓄热水箱并联接入末端管网系统。本系统在蓄热水箱温度满足供暖温度要求时，由蓄热水箱单独给用户侧供暖，否则由互补热源单独给用户侧供暖。本系统控制简单，适用于管理水平较低、面积适中的工程。

1.2 太阳能集热系统包括集热循环、蓄热循环和散热循环，本系统采用空气冷却器SR散热，蓄热水箱位于系统最高点，具有补水、定压和膨胀功能。各循环系统包含的设备如下：

集热循环：太阳能集热器、电动阀FM1及FM2、防冻液循环泵B3；

蓄热循环：板式换热器、蓄热循环泵B2、开式蓄热水箱；

散热循环：电动阀FM3、空气冷却器SR。

1.3 用户侧供暖系统主要设备为：供暖循环泵B1、电动阀FM5、末端供暖设备。

1.4 互补热源系统主要设备为：互补热源、电动阀FM4。

2 太阳能集热系统

太阳能集热系统设计详本图集第27页。

3 用户侧供暖系统

3.1 设计工况下用户侧供回水温度应结合水箱蓄热温度、供暖末端设备等综合考虑，建议采用低温热水供暖系统，末端设备采用低温热水辐射末端或风机盘管。末端采用散热器时，应根据末端负荷及供回水温度仔细校核散热片数量。

3.2 互补热源单独供暖时的系统阻力一般大于蓄热水箱单独供暖时的系统阻力，用户供暖循环泵B1的扬程应按照互补热源单独供暖工况确定。

3.3 用户侧应采用满足系统温度要求的管材。

3.4 供暖末端应设置可以调节温度的装置。

4 互补热源系统

本系统未对互补热源做出设计，可结合实际工程所在地能源情况，通过经济合理性比较后，确定采用空气源热泵、地源热泵、锅炉等方式，并应满足设计选用说明中的技术要求（详本图集第8~9页）。

5 其他

5.1 本系统可实现太阳能侧集热及蓄热系统、互补热源系统分别单独供暖，控制简单、操作方便。

5.2 系统总体控制思路为：用户侧供暖系统根据末端运行需要启停；不管用户侧供暖系统是否运行，只要集热系统有热收益且水箱水温不超过水箱允许的最高温度时，太阳能集热系统的集热循环和蓄热循环开启；太阳能集热系统的蓄热循环处于关闭状态且集热器温度超过集热器过热温度阈值时，启动散热循环；用户侧供暖系统处于运行状态但水箱水温低于末端供暖设计温度时，单独由互补热源系统提供供暖所需热量；用户侧供暖系统处于运行状态且水箱水温高于末端供暖设计温度时，单独由蓄热水箱提供供暖所需热量。

5.3 可根据实际情况在需要水电计量的部分设置水电计量装置。

主要设备表

序号	设备名称	序号	设备名称
1	太阳能集热器	5	防冻液循环泵B3
2	空气冷却器SR	6	蓄热循环泵B2
3	开式蓄热水箱	7	供暖循环泵B1
4	膨胀定压装置（套）	8	板式换热器

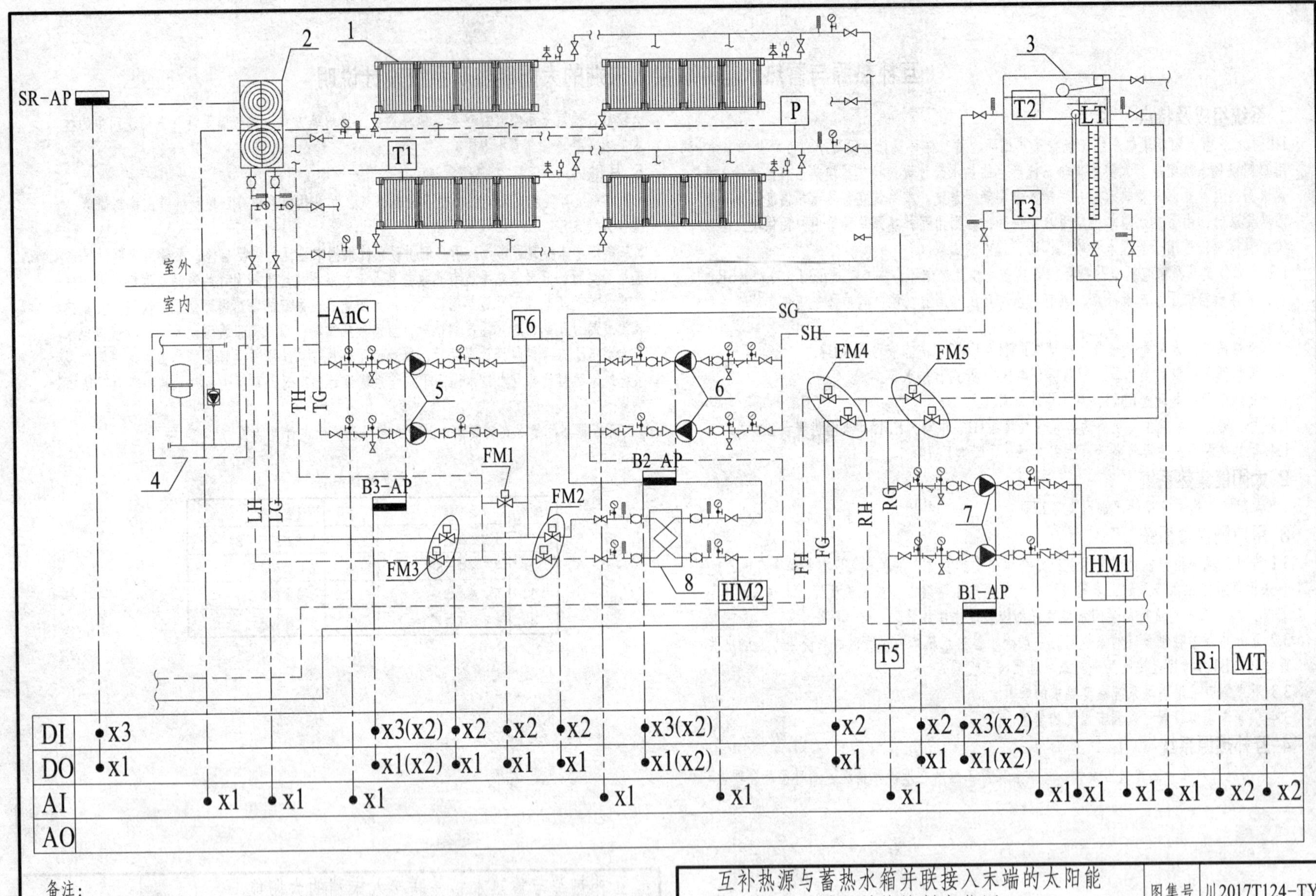

备注：
本图中表达的控制点位是为实现正常运行的必要配置原理，实际工程可根据项目情况进行具体设计。

互补热源与蓄热水箱并联接入末端的太阳能供暖系统控制点位图						图集号	川2017T124-TY
审核	邹秋生	校对	王曦 姚坤	设计	梅力宸 吴银萍	页	24

互补热源与蓄热水箱并联接入末端的太阳能供暖系统控制说明

1 基本原则

控制系统应该在保证系统安全的情况下，最大化实现太阳能资源的利用，只有在蓄热水箱温度低于供暖设计温度时才能启动互补热源，以减少互补系统运行时间，达到节省能源、保护环境的目的。控制系统应能有效防止系统过热，避免低温有结冻危险时对蓄热循环造成破坏，并做到简单容易操作。

2 温度设定

本系统采用低温末端设备，各循环回路的温度设定如下：

2.1 末端系统设计供水温度为45 ℃。

2.2 蓄热水箱最低水温为40 ℃，最高允许水温设定为80 ℃（根据工程所在地水的沸点温度校核，详本图集第60页）。

2.3 集热系统（集热器内）防冻液正常温度应低于100 ℃，系统过热临界点温度设定为105 ℃。

2.4 互补热源循环系统设计供水温度为45 ℃。

3 传感器及主要控制阀门

3.1 传感器、主要阀门设置及设备监控功能表详本图集第28页；

3.2 系统初始状态：

设备阀件名称	动作或状态
互补热源	关闭
冷却器SR	关闭
循环水泵	B1关闭、B2关闭、B3关闭
电动二通阀	FM1开、FM2关，FM3关
电动二通阀	FM4关、FM5开

4 用户侧供暖系统运行控制策略

4.1 用户侧供暖系统根据末端供暖需求启停：用户侧需要供暖时，启动用户供暖循环泵B1；用户侧无供暖需求时，关闭用户侧供暖循环泵B1。

4.2 由于太阳能资源的不稳定性，实际运行中蓄热水箱温度变化较大，末端供暖设备应设置温控装置。

4.3 用户侧循环泵宜采用变流量控制。

5 供暖热源侧运行控制策略

本系统供暖热源侧有两种运行方式：互补热源单独供暖、蓄热水箱单独供暖。

5.1 用户侧供暖循环泵B1处于运行状态且$T_2<40$ ℃时，表明蓄热水箱供热能力不足，启动互补热源系统，采用互补热源单独供暖。即：B1（保持）开启且$T_3<40$ ℃时，设备（阀门）的动作（状态）如下表：

设备阀件名称	动作或状态
互补热源	（保持）开启
电动二通阀	FM4（保持）开启、FM5（保持）关闭

5.2 用户侧供暖循环泵B1处于运行状态且蓄热水箱温度高于45 ℃时，蓄热水箱单独供热。即：B1处于开启状态且$T_3>45$ ℃时，设备（阀门）的动作（状态）如下表：

设备阀件名称	动作或状态
互补热源	（保持）关闭
电动二通阀	FM4（保持）关闭、FM5（保持）开启

6 太阳能系统运行控制策略

太阳能集热系统控制策略详本图集第27页。

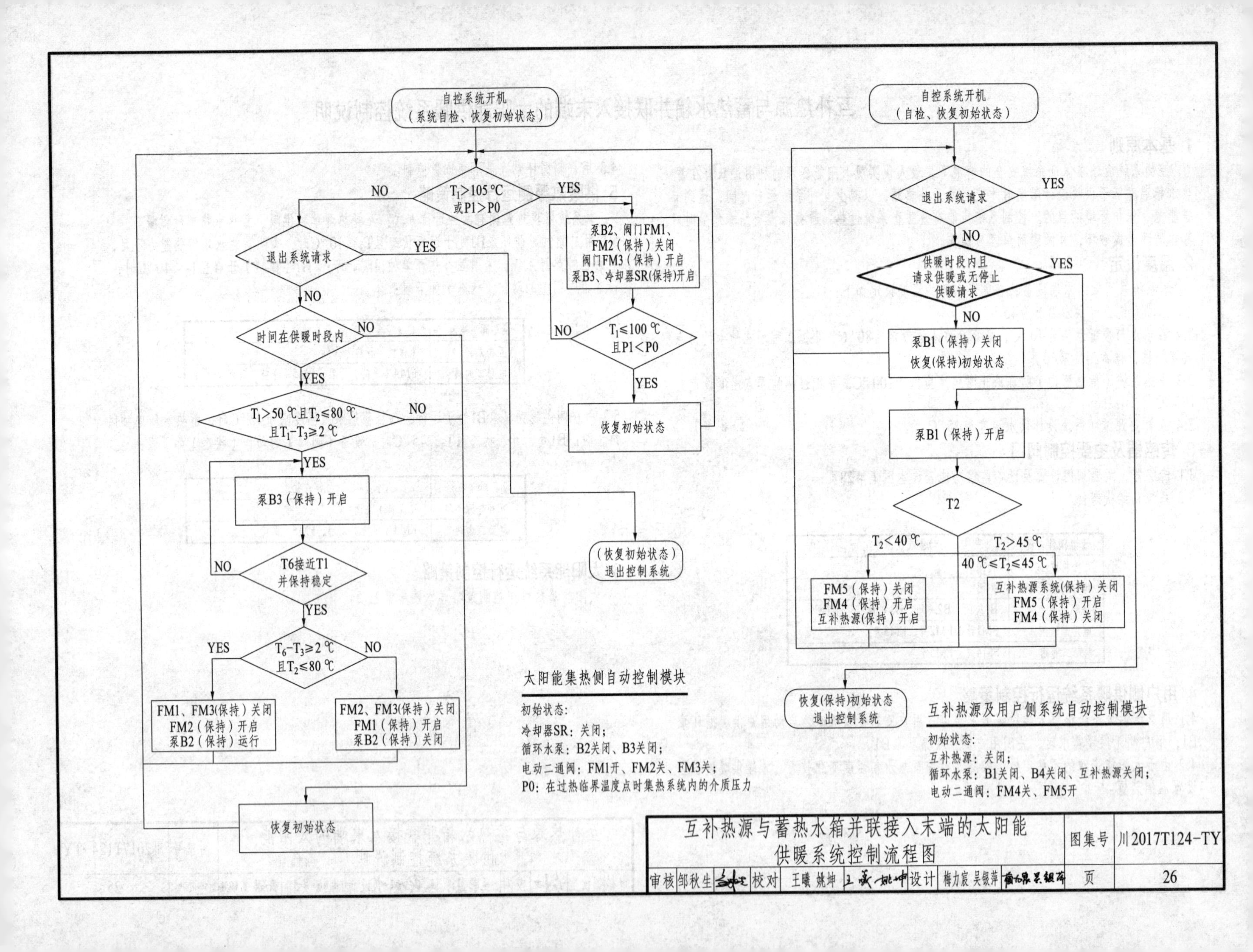
自控系统开机
（系统自检、恢复初始状态）
T1＞105 ℃
或P1＞P0
NO
YES
泵B2、阀门FM1、
FM2（保持）关闭
阀门FM3（保持）开启
泵B3、冷却器SR(保持)开启
T1≤100 ℃
且P1＜P0
恢复初始状态
退出系统请求
时间在供暖时段内
T1＞50 ℃且T2≤80 ℃
且T1-T3≥2 ℃
泵B3（保持）开启
T6接近T1
并保持稳定
T6-T3≥2 ℃
且T2≤80 ℃
FM1、FM3(保持）关闭
FM2（保持）开启
泵B2（保持）运行
FM2、FM3(保持）关闭
FM1（保持）开启
泵B2（保持）关闭
恢复初始状态
（恢复初始状态）
退出控制系统
太阳能集热侧自动控制模块
初始状态:
冷却器SR：关闭；
循环水泵：B2关闭、B3关闭；
电动二通阀：FM1开、FM2关、FM3关；
P0：在过热临界温度点时集热系统内的介质压力
自控系统开机
（自检、恢复初始状态）
退出系统请求
供暖时段内且
请求供暖或无停止
供暖请求
泵B1（保持）关闭
恢复(保持)初始状态
泵B1（保持）开启
T2
T2＜40 ℃
T2＞45 ℃
40 ℃≤T2≤45 ℃
FM5（保持）关闭
FM4（保持）开启
互补热源(保持）开启
互补热源系统(保持）关闭
FM5（保持）开启
FM4（保持）关闭
恢复(保持)初始状态
退出控制系统
互补热源及用户侧系统自动控制模块
初始状态:
互补热源：关闭；
循环水泵：B1关闭、B4关闭、互补热源关闭；
电动二通阀：FM4关、FM5开
互补热源与蓄热水箱并联接入末端的太阳能
供暖系统控制流程图
图集号
川2017T124-TY
审核 邹秋生 校对 王曦 姚坤 设计 梅力宸 吴银萍
页
26

太阳能集热系统设计说明及控制策略

1 设计说明

1.1 本系统太阳能集热循环采用了闭式循环系统，集热系统与用户侧供暖系统介质完全分开，太阳能集热循环采用防冻液，可适用于室外气温较低、有可能结冻的地区（如四川省甘孜、阿坝等严寒、寒冷地区）。对于无需防冻的地区，则可取消换热装置，太阳能集热循环直接与蓄热水箱连接，减少蓄热循环带来的换热温差和换热损失。

1.2 鉴于板式换热器具有传热系数高、换热损失小的特点，本系统太阳能蓄热循环采用了板式换热器。对于较小规模项目，在保证换热量和换热效率的情况下，可采用盘管换热，将盘管直接设于蓄热水箱内，可减少一组循环泵。

1.3 本系统蓄热水箱设于系统最高处，同时对太阳能集热系统二次侧、互补热源水系统及用户侧水系统补水、膨胀及定压。

1.4 长期不使用时宜采用高反射低透光型遮阳装置对太阳能集热器进行遮光。集热系统可根据需要设置防过热的散热设备。本系统中设置空气冷却器作为防止过热的措施，实际工程中可采用冷却塔、冷却水池或其他方式。

1.5 太阳能侧热媒介质采用防冻液，利用防冻液自身特性抗冻，设计时要求防冻液冰点温度应至少低于该工程所在地极端最低气温值5 ℃。

2 运行控制策略

太阳能集热系统共有集热蓄热模式和过热模式两种状态。

2.1 集热蓄热模式运行控制策略

2.1.1 太阳能集热系统有热收益（太阳能集热器内防冻液温度高于蓄热水箱进水温度且集热水箱水温低于集热水箱最高允许温度）时，集热系统投入运行。为防止防冻液泵B3和蓄热循环泵B2频繁启动、减少水泵能耗，实际工程要求$T_6-T_3 \geq 2$ ℃才能响应。即：$T_6-T_3 \geq 2$ ℃且$T_2 \leq 80$ ℃时，设备（阀门）的动作（状态）如下表：

设备阀件名称	动作或状态
电动二通阀（组）	FM1、FM3（保持）关闭，FM2（保持）开启
循环水泵	B2、B3（保持）开启
冷却器SR	（保持）关闭

2.1.2 太阳能集热系统运行中，防冻液温度低于水箱温度或水箱温度高于其允许的最高温度时，表明集热系统已无热收益，应关闭集热循环和蓄热循环。即：$T_6-T_3 < 2$ ℃或$T_2 > 80$ ℃时，设备（阀门）的动作（状态）如下表：

设备阀件名称	动作或状态
电动二通阀（组）	FM2、FM3（保持）关闭，FM1（保持）开启
循环水泵	B2、B3（保持）开启
冷却器SR	（保持）关闭

2.2 过热模式

2.2.1 集热系统（集热器内）防冻液温度$T_1 > 105$ ℃或P1大于过热临界温度点集热系统内的介质压力时，表明集热系统处于过热状态，应开启空气冷却器及防冻液循环泵B3进行散热。即：$T_1 > 105$ ℃时，设备（阀门）的动作（状态）如下表：

设备阀件名称	动作或状态
电动二通阀（组）	FM1、FM2（保持）关闭，FM3（保持）开启
循环水泵	B3（保持）开启
冷却器SR	（保持）开启

2.2.2 集热系统处于散热过程中时，若集热系统（集热器内）防冻液温度$T_1 \leq 100$ ℃，表明集热系统已处于安全状态，可关闭散热系统。即：$T_1 \leq 100$ ℃时，设备（阀门）的动作（状态）如下表：

设备阀件名称	动作或状态
电动二通阀（组）	FM2、FM3（保持）关闭，FM1（保持）开启
循环水泵	B3（保持）关闭
冷却器SR	（保持）关闭

2.2.3 有条件的情况下，太阳能侧循环泵宜采用变流量控制。

传感器、控制阀及设备监控功能表

序号	设备名称	设备编号	自控功能要求	用途			安装要求
				监视	控制	测量	
1	水泵；空气冷却器	B1-AP; B2-AP; B3-AP; SR-AP;	启动/停止		√		
			运行状态	√			
			故障报警信号	√			
			远程控制/就地控制信号转换	√			
2	电动阀	FM1;FM2; FM3;FM4; FM5;FM6; FM7	打开/关闭		√		
			开启状态	√			
			关闭状态	√			
3	温度传感器	T1;T2; T3;T4; T5;T6;	液体温度			√	
4	热能表	HM1;HM2	液体热量			√	
5	液位传感器	LT	水箱液位高度			√	
6	温湿度传感器	MT	空气温湿度			√	
7	辐射照度传感器	Ri	太阳总辐射照度太阳散射辐射照度			√	
8	防冻液浓度传感器	AnC	防冻液浓度			√	
9	压力传感器	Pl	液体压力			√	

安装要求：

1. 设置温度传感器T1，用于监测集热器防冻液温度；用于判断集热器所处的工作状态，大型集热系统宜设置多个温度传感器。
2. 设置温度传感器T2、T3，用于监测蓄热水箱水温。根据蓄热水箱内存在温度分层的现象，T2、T3分别设置于水箱上部和下部。
3. 用户侧供暖供水管道上设置温度传感器T4，用于监测用户侧供暖供水温度，判断供水温度是否满足要求。
4. 集热系统循环管道上设置温度传感器T6，用于判断集热系统是否有热收益。
5. 热能表安装于太阳能系统板换靠蓄热水箱侧和末端侧，用于计量太阳能供热量和热源系统对末端用户供热量。
6. 液位传感器安装于蓄热水箱内，测量范围必须高于水箱最高管并低于最低管高度，且应联动控制系统对危险水位进行报警。
7. 温湿度传感器安装于室外，用于测量室外空气温湿度。
8. 辐照度传感器安装于室外，用于计算太阳能板实际实时效率。
9. 防冻液浓度传感器安装于太阳能系统补液点前，实时测量防冻液浓度，并应联动控制系统对低浓度进行报警。
10. 液体压力传感器安装于太阳能板出水口侧，用于测量太阳能板液体压力，并应联动控制系统对高压进行报警。

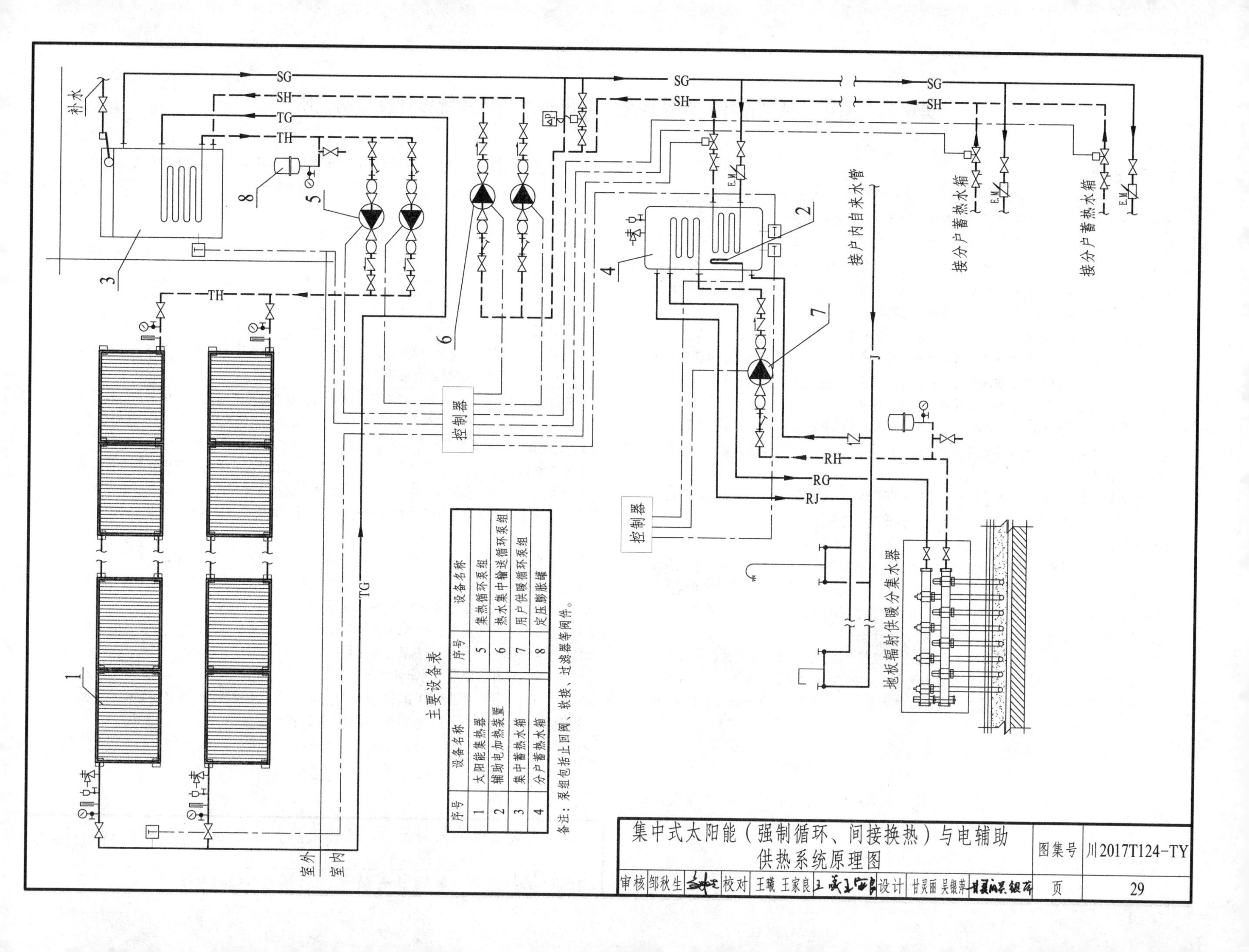

补水
SG
SH
TG
TH
RH
RG
RJ
控制器
接户内自来水管
接分户蓄热水箱
地板辐射供暖分集水器
室外
室内
主要设备表
序号 设备名称 序号 设备名称
1 太阳能集热器 5 集热循环泵组
2 辅助电加热装置 6 热水集中输送循环泵组
3 集中蓄热水箱 7 用户供暖循环泵组
4 分户蓄热水箱 8 定压膨胀罐
备注：泵组包括止回阀、软接、过滤器等阀件。
集中式太阳能（强制循环、间接换热）与电辅助供热系统原理图
图集号 川2017T124-TY
审核 邹秋生 校对 王曦 王家良 设计 甘灵丽 吴银萍
页 29

集中式太阳能（强制循环、间接换热）与电辅助供热系统设计及控制说明

1 设计说明

1.1 该系统由集中太阳能集热系统和分户供热系统组成，所有用户共用太阳能集热系统，各用户独立设置辅助电加热装置。太阳能集热系统设置集中蓄热水箱，各分户供热系统设置分户蓄热水箱，集中蓄热水箱和分户蓄热水箱之间由热水集中输送系统连接。集热系统工作时将热量储存于集中蓄热水箱，并由热水集中输送系统将热量送至各分户蓄热水箱，为用户提供供暖热负荷和生活热水。该系统适用于太阳能资源很丰富及很稳定地区的多层或高层住宅、集体宿舍、周转房、公寓楼等。

1.2 太阳能集热系统为强制循环、间接换热，由集热器、集热循环泵、集中蓄热水箱和水箱内换热盘管组成。集热系统采用防冻液为介质，可适应四川严寒、寒冷地区的气候特点（冬季室外温度低，有防冻需求）；对于无防冻要求的地区，可采用水作为集热介质。集热系统设置膨胀定压罐、自动排气装置及安全阀。

1.3 本系统集中蓄热水箱为开式水箱，设于用户侧水系统最高点，兼具膨胀、定压和补水功能（集中蓄热水箱无法设置在用户侧水系统最高点时，应采用承压水箱，并在系统最高处另设膨胀水箱）。

1.4 热水集中输送循环泵根据供回水干管压差变频运行，详控制说明。为保证水泵在最低流量时系统正常运行，供回水干管之间设置压差旁通装置。

1.5 分户蓄热水箱设于各用热单元户内，采用闭式承压保温水箱，水箱压力由自来水补水系统保证。分户蓄热水箱内设置换热盘管，集中蓄热水箱内的热量通过盘管换热后储存于分户蓄热水箱。热水集中输送系统与分户蓄热水箱内换热盘管连接的回水管道上设置电动二通阀；生活热水出水点设于水箱上部，进水点设于水箱底部。分户蓄热水箱内的辅助电加热装置可用于加热水温和杀菌。

1.6 太阳能集热系统、热水集中输送系统配置智能控制器，控制集热循环泵、热水集中输送循环泵，保证太阳能集热系统稳定高效运行，并实现自动启停；各用热单元单独设置控制器，控制用户供暖循环泵及辅助电加热装置，保证用户供暖及生活热水系统正常运行。

1.7 集中蓄热水箱设计温度为80 ℃（注：对于四川高海拔地区，水箱最高温度设定应小于当地大气压力下对应的水溶液气化温度，详本图集第60页）。分户蓄热水箱设计温度为60 ℃。

1.8 供热末端宜采用低温热水系统，本系统采用低温热水地板辐射采暖或强制对流换热的风机盘管形式，末端供暖供水设计温度为45 ℃。用户采用散热器时，应根据末端负荷及水箱温度仔细校核计算散热片数量。

1.9 可根据实际情况在需要水电计量的部分设置水电计量装置，入户处设置热计量装置。

2 控制说明

集中蓄热水箱设计温度为80 ℃。分户蓄热水箱设计温度为60 ℃，最高温度设定为80 ℃；该条件下系统控制策略如下：

2.1 集热系统有热收益（实际工程中取集热系统管道内防冻液温度高于集中蓄热水箱水温2 ℃），且集中蓄热水箱水温小于80 ℃时，太阳能集热侧水泵开启运行；集中蓄热水温高于80 ℃，或集热系统无热收益时，太阳能集热侧水泵停止运行。

2.2 分户蓄热水箱水温小于集中蓄热水箱水温时，开启该分户蓄热水箱内盘管与热水集中输送系统连接的回水管道上的电动二通阀；热水集中输送循环泵运行使分户蓄热水箱蓄热。分户蓄热水箱水温等于集中蓄热水箱水温时，关闭该分户蓄热水箱处的电动二通阀。

2.3 热水集中输送系统在用户侧任何一个电动二通阀开启时，热水集中输送循环泵开启（保持运行）；用户侧所有电动二通阀关闭后，循环泵停止运行。在热水集中输送循环系统运行期间，循环泵根据供回水干管压差变频运行。

2.4 分户蓄热水箱温度小于40 ℃时，开启辅助电加热装置；加热过程中分户蓄热水箱水温高于45 ℃时，辅助电加热装置停止运行。

2.5 用户供暖循环泵由用户根据供暖需求开启。

2.6 分户蓄热水箱的水温在24 h以内从未高于60 ℃时，启动辅助电加热装置将水温加热到60 ℃对水箱进行杀菌，水温达到要求后即停止加热。

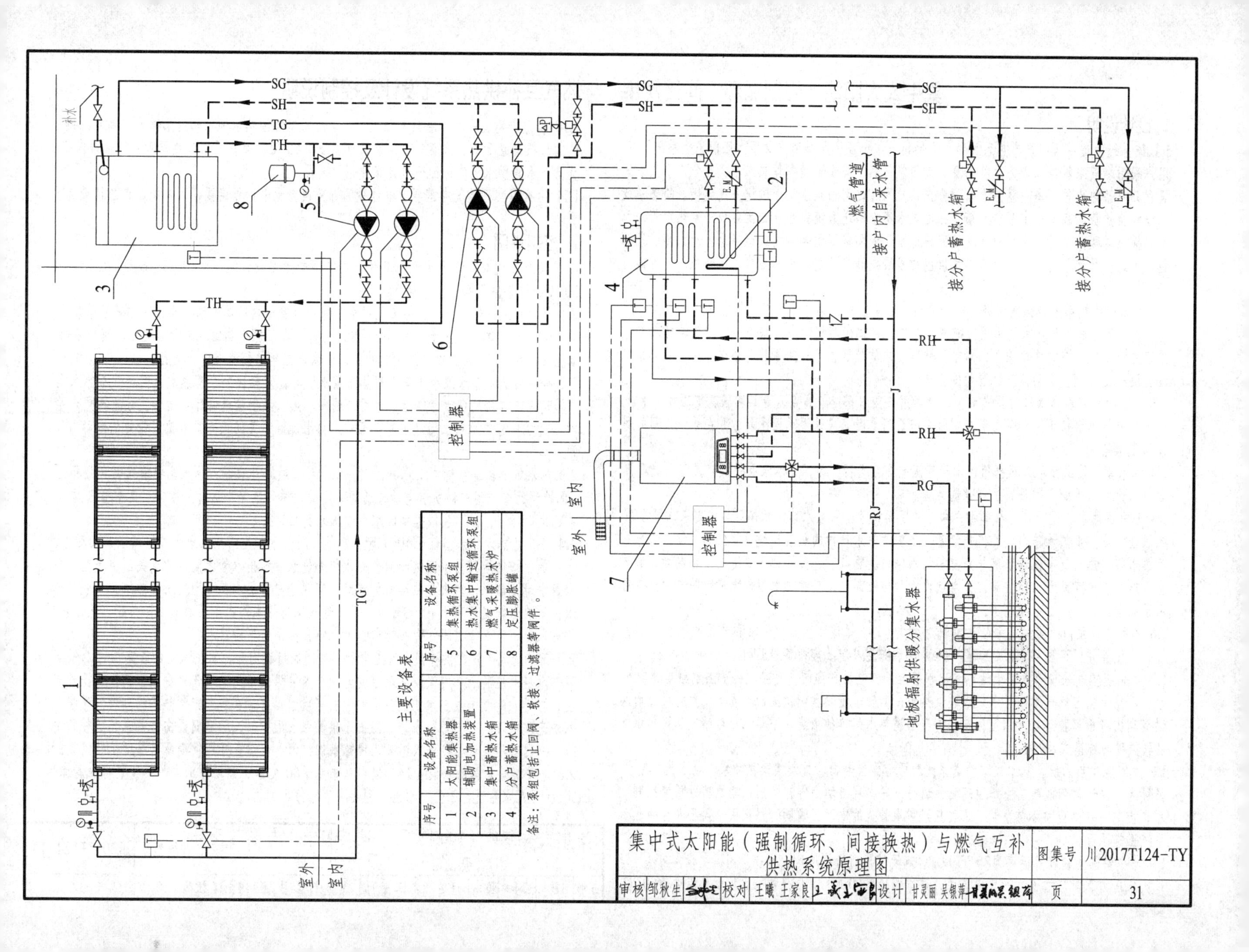

主要设备表

序号	设备名称	序号	设备名称
1	太阳能集热器	5	集热循环泵组
2	辅助电加热装置	6	热水集中输送循环泵组
3	集中蓄热水箱	7	燃气采暖热水炉
4	分户蓄热水箱	8	定压膨胀罐

备注：泵组包括止回阀、软接、过滤器等阀件。

集中式太阳能（强制循环、间接换热）与燃气互补供热系统原理图		图集号	川2017T124-TY
审核 邹秋生	校对 王曦 王家良	设计 甘灵丽 吴银萍	页 31

集中式太阳能（强制循环、间接换热）与燃气互补供热系统设计及控制说明

1 设计说明

1.1 该系统由集中太阳能集热系统和分户供热系统组成，所有用户共用太阳能集热系统，各用户采用燃气采暖热水炉为互补热源。太阳能集热系统设置集中蓄热水箱，各分户供热系统设置分户蓄热水箱，集中蓄热水箱和分户蓄热水箱之间由热水集中输送系统连接。集热系统工作时将热量储存于集中蓄热水箱，并由热水集中输送系统将热量送至各分户蓄热水箱，为用户提供供暖热负荷和生活热水。该系统适用于太阳能资源丰富（或很丰富）及太阳能资源稳定（或很稳定）的地区、且有燃气供应的多层或高层住宅、集体宿舍、周转房、公寓楼等。

1.2 太阳能集热系统为强制循环、间接换热，由集热器、集热循环泵、集中蓄热水箱和水箱内换热盘管组成。集热系统采用防冻液为介质，可适应四川严寒、寒冷地区的气候特点（冬季室外温度低，有防冻需求）；对于无防冻要求的地区，可采用水作为集热介质。集热系统设置膨胀定压罐、自动排气装置及安全阀。

1.3 本系统集中蓄热水箱为开式水箱，设于用户侧水系统最高点，兼具膨胀、定压和补水功能（集中蓄热水箱无法设置在用户侧水系统最高点时，应采用承压水箱，并在系统最高处另设膨胀水箱）。

1.4 热水集中输送循环泵根据供回水干管压差变频运行。为保证水泵在最低流量时系统正常运行，供回水干管之间设置压差旁通装置。

1.5 分户蓄热水箱设于各用热单元户内，采用闭式承压保温水箱，水箱压力由自来水补水系统保证。分户蓄热水箱内设置换热盘管，集中蓄热水箱内的热量通过盘管换热后储存于分户蓄热水箱。热水集中输送系统与分户蓄热水箱内换热盘管连接的回水管道上设置电动二通阀，生活热水出水点设于水箱上部，进水点设于水箱底部。分户蓄热水箱内设置辅助电加热装置用于杀菌。

1.6 各用热单元内设置燃气采暖热水炉为互补热源。采暖炉内置定压罐和采暖循环水泵，设计时应核算并保证循环水泵的扬程与采暖水系统及末端散热设备箱匹配。

1.7 本系统燃气采暖热水炉生活热水出水管上设置电动三通阀，可实现由蓄热水箱单独供热水、蓄热水箱与燃气采暖热水炉串联供热水；燃气采暖热水炉供暖回水管上设置电动三通阀，供暖期内可根据蓄热水箱水温，按照燃气采暖热水炉单独供暖、蓄热水箱与燃气采暖热水炉串联供暖两种模式运行。

1.8 太阳能集热系统、热水集中输送系统配置智能控制器，控制集热循环泵、热水集中输送循环泵，保证太阳能集热系统稳定高效运行，并实现自动启停；各用热单元单独设置控制器，控制用户供暖循环泵及燃气采暖热水炉水管上的电动三通阀，保证用户供暖及生活热水系统正常运行。

1.9 集中蓄热水箱设计温度为80 ℃（注：对于四川高海拔地区，水箱最高温度设定应小于当地大气压力下对应的水溶液气化温度，详本图集第60页）。分户蓄热水箱设计温度为60 ℃。

1.10 供热末端宜采用低温热水系统，本系统采用低温热水地板辐射采暖或强制对流换热的风机盘管形式，末端供暖供水设计温度为45 ℃。用户采用散热器时，应根据末端负荷及水箱供水温度仔细校核计算散热片数量。

1.11 可根据实际情况在需要水电计量的部分设置水电计量装置，入户处设置热计量装置。

2 控制说明

集中蓄热水箱设计温度为80 ℃。分户蓄热水箱设计温度为60 ℃，最高温度设定为80 ℃；该条件下系统控制策略如下：

2.1 集热系统有热收益（实际工程中取集热系统管道内防冻液温度高于集中蓄热水箱水温2 ℃），且集中蓄热水箱水温小于80 ℃时，太阳能集热侧水泵开启运行；集中蓄热水温高于80 ℃，或集热系统无热收益时，太阳能集热侧水泵停止运行。

2.2 分户蓄热水箱水温小于集中蓄热水箱水温时，开启该分户蓄热水箱内盘管与热水集中输送系统连接的回水管道上的电动二通阀；热水集中输送循环泵运行使分户蓄热水箱蓄热。分户蓄热水箱水温等于集中蓄热水箱水温时，关闭该分户蓄热水箱处的电动二通阀。

2.3 热水集中输送系统在用户侧任何一个电动二通阀开启时，热水集中输送循环泵开启（保持运行）；用户侧所有电动二通阀关闭后，循环泵停止运行。在热水集中输送循环系统运行期间，循环泵根据供回水干管压差变频运行。

2.4 分户蓄热水箱水温低于40 ℃时，燃气采暖热水炉生活热水出水管上的三通阀动作，保持热水炉内生活热水回路畅通、热水炉外进水管和出水管之间的旁通关断，有生活热水需求时，热水炉点火加热至所需温度，实现分户蓄热水箱与燃气采暖热水炉串联供热水；蓄热水箱温度高于40 ℃时，电动三通阀保持热水炉内生活热水回路关断、热水炉外进水管和出水管之间的旁通畅通，由水箱直接供给生活热水。

2.5 正常情况下户内供暖回水管上电动三通阀保持通向分户蓄热水箱的管路畅通。分户蓄热水箱水温高于户内供暖回水温度时，户内供暖回水先进入分户蓄热水箱换热提升温度，再进入燃气采暖热水炉加热至供暖所需供水温度，实现分户蓄热水箱和燃气采暖热水炉串联供暖。分户蓄热水箱水温低于供暖回水温度时，三通阀通向蓄热水箱的管路关断，户内供暖回水直接进入燃气采暖热水炉，由热水炉提升到供暖设定温度单独供暖；

2.6 分户蓄热水箱的水温在24 h以内从未高于60 ℃时，启动辅助电加热装置将水温加热到60 ℃对水箱进行杀菌，水温达到要求后即停止加热。

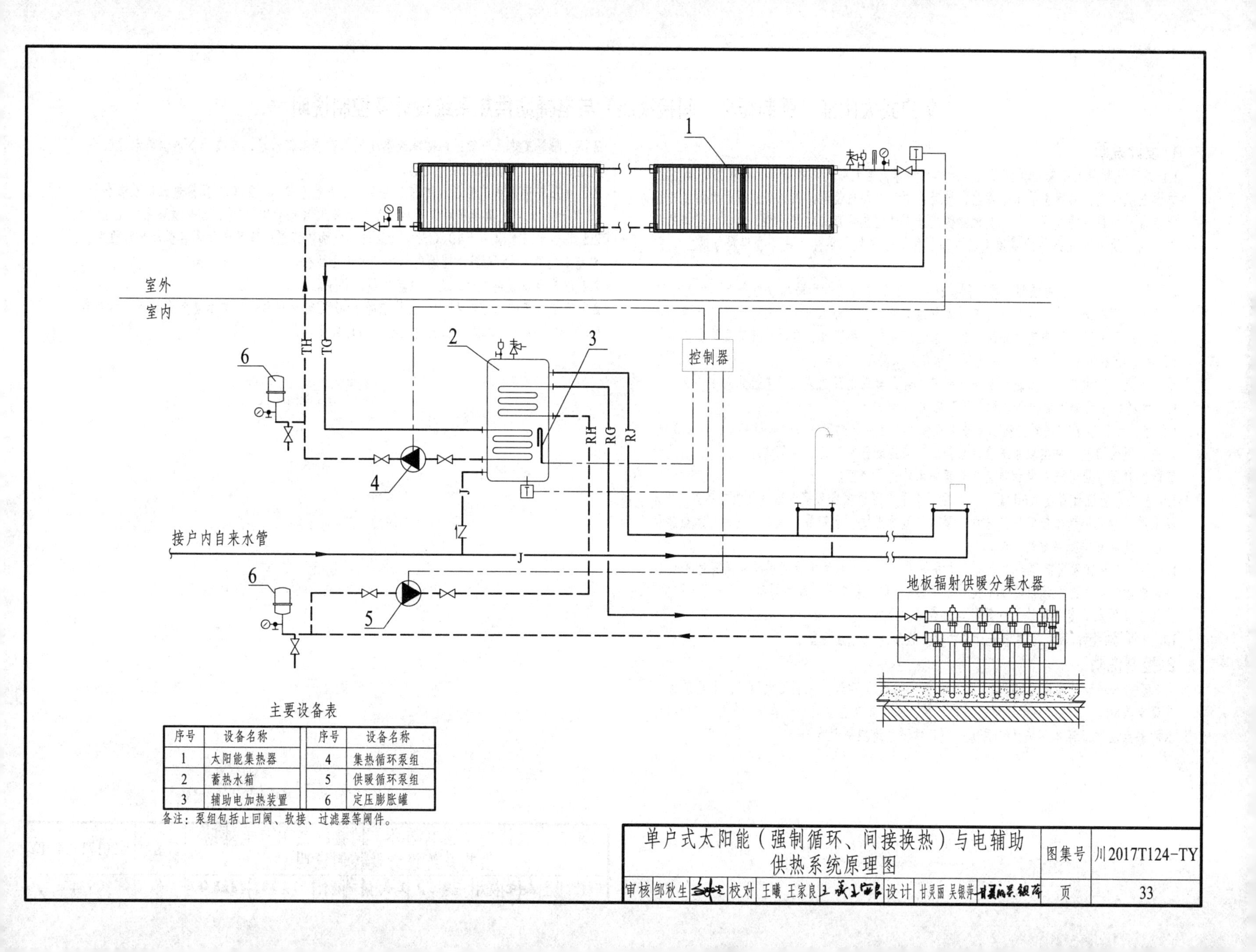

主要设备表

序号	设备名称	序号	设备名称
1	太阳能集热器	4	集热循环泵组
2	蓄热水箱	5	供暖循环泵组
3	辅助电加热装置	6	定压膨胀罐

备注：泵组包括止回阀、软接、过滤器等阀件。

单户式太阳能（强制循环、间接换热）与电辅助供热系统原理图	图集号	川2017T124-TY
审核 邹秋生 校对 王曦 王家良 设计 甘灵丽 吴银萍	页	33

单户式太阳能（强制循环、间接换热）与电辅助供热系统设计及控制说明

1 设计说明

1.1 该系统利用太阳能作为供暖及生活热水热源，由太阳能集热循环、供暖循环和生活热水系统组成，采用蓄热水箱蓄热，辅助热源为电加热装置。该系统适用于太阳能资源很丰富及很稳定的地区、且无其他热源或采用其他热源形式的经济性、合理性较差的单户住宅，及具有该条件的城镇多层或高层住宅分户独立供热系统（含供暖与供生活热水）。

1.2 太阳能集热系统为强制循环、间接换热，集热系统内采用防冻液为介质，可适应四川严寒、寒冷地区的气候特点（冬季室外温度低，有防冻需求）。对于无防冻要求地区的住宅，可采用水作为集热介质。集热系统设置定压膨胀罐、自动排气装置及安全阀。

1.3 本系统蓄热水箱采用闭式承压保温水箱，水箱压力由自来水补水系统保证。生活热水出水点设于水箱上部，进水点设于水箱底部，辅助电加热装置设置在水箱中下部。

1.4 供暖系统设置供暖循环泵和定压膨胀罐。

1.5 系统配置智能控制器，控制集热循环泵、辅助电加热装置及供暖循环泵，保证系统优先利用太阳能，并实现系统自动启停。智能控制器长期监控水箱内水温，条件满足时智能控制器可启动辅助电加热装置对蓄热水箱进行杀菌。

1.6 蓄热水箱设计温度为60 ℃。实际运行中用户可根据自身需求通过智能控制器设置水箱水温。智能控制器应能提供分别设置水箱蓄热温度、水箱最高温度、辅助电加热装置开启温度及其关闭温度的功能。

1.7 供热末端宜采用低温热水系统，本系统采用低温热水地板辐射供暖或强制对流换热的风机盘管形式，末端供暖供水设计温度为45 ℃。用户采用散热器时，应根据末端负荷及水箱供水温度仔细校核计算散热片数量。

1.8 可根据实际情况在需要水电计量的部分设置水电计量装置。

2 控制说明

蓄热水箱设计温度为60 ℃，最低温度为40 ℃；为最大化利用太阳能，水箱最高温度设定为80 ℃（注：对于四川高海拔地区，水箱最高温度应小于当地大气压力对应的水的沸点温度，详本图集第60页），该条件下系统控制策略如下：

2.1 太阳能集热系统管道内防冻液温度低于蓄热水箱水温，或高于蓄热水箱水温但不超过2 ℃时，集热循环泵不运行。

2.2 太阳能集热系统管道内防冻液温度高于蓄热水箱水温2 ℃，且蓄热水箱水温小于80 ℃时，太阳能集热循环泵开启；蓄热水箱水温高于80 ℃时，集热循环泵停止运行。

2.3 蓄热水箱水温小于40 ℃时，开启辅助电加热装置；辅助电加热装置加热过程中，水箱水温高于45 ℃时，辅助电加热装置停止运行。

2.4 用户有供暖需求时，自行开启供暖循环泵。

2.5 蓄热水箱的水温在24 h以内从未高于60 ℃时，启动辅助电加热装置将水温加热到60 ℃对水箱进行杀菌，水温达到要求后即停止加热。

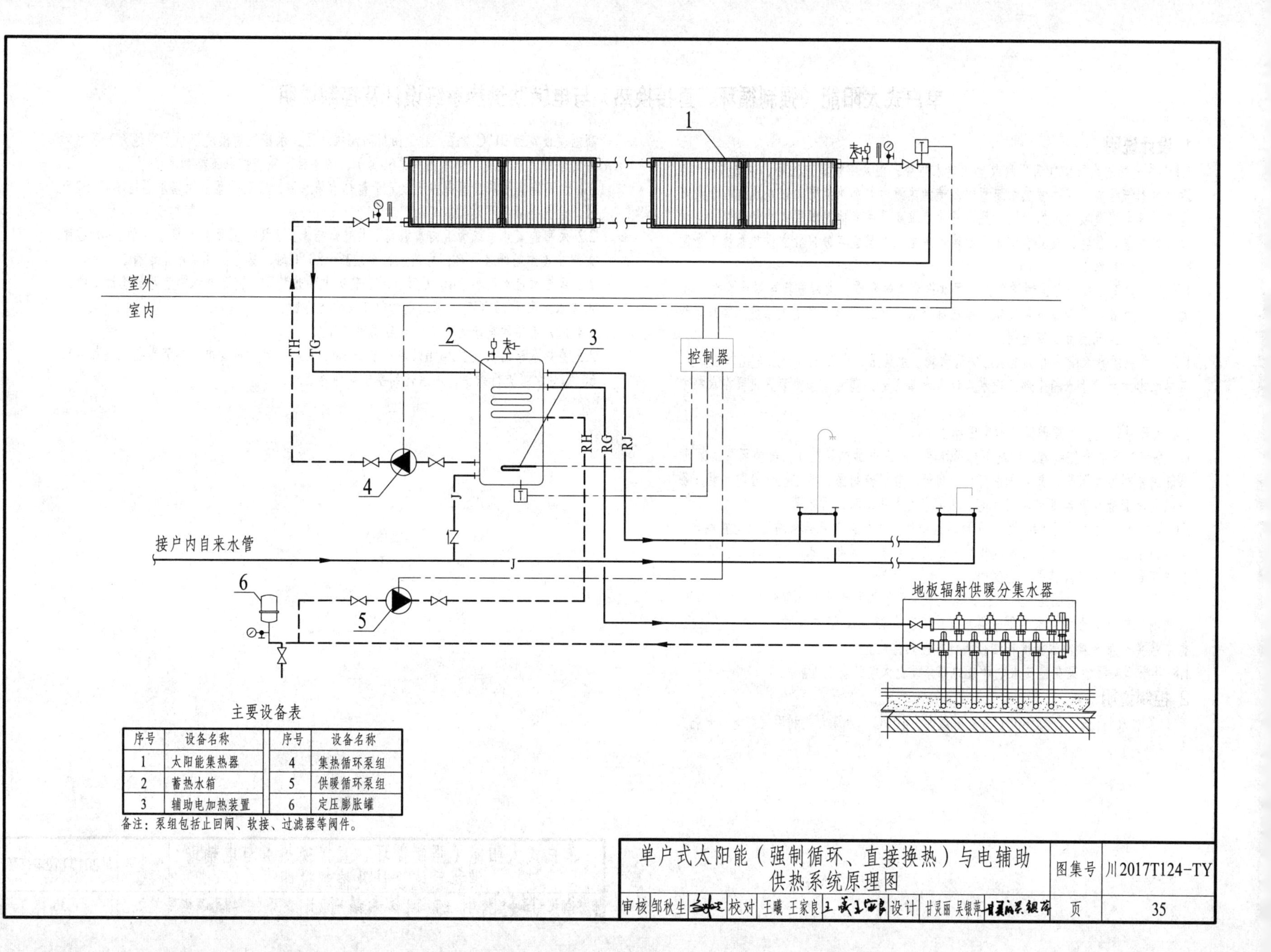

主要设备表

序号	设备名称	序号	设备名称
1	太阳能集热器	4	集热循环泵组
2	蓄热水箱	5	供暖循环泵组
3	辅助电加热装置	6	定压膨胀罐

备注：泵组包括止回阀、软接、过滤器等阀件。

单户式太阳能（强制循环、直接换热）与电辅助供热系统原理图

单户式太阳能（强制循环、直接换热）与电辅助供热系统原理图	图集号	川2017T124-TY
审核 邹秋生 校对 王曦 王家良 设计 甘灵丽 吴银萍	页	35

单户式太阳能（强制循环、直接换热）与电辅助供热系统设计及控制说明

1 设计说明

1.1该系统利用太阳能作为供暖及生活热水热源，由太阳能集热循环、供暖循环和生活热水系统组成，采用蓄热水箱蓄热，辅助热源为电加热装置。该系统适用于太阳能资源很丰富及很稳定的地区、且无其他热源或采用其他热源形式的经济性、合理性较差的单户住宅，及具有该条件的城镇多层或高层住宅分户独立供热系统（含供暖与供生活热水）。

1.2 太阳能集热系统为强制循环，采用水作为集热介质。太阳能集热器产生的热水直接接入水箱。冬季室外温度低、有防冻需求的地区不建议采用该系统。集热系统需设置自动排气装置及安全阀。

1.3 本系统蓄热水箱采用闭式承压保温水箱，水箱压力由自来水补水系统保证。生活热水出水点设于水箱上部，进水点设于水箱底部，辅助电加热装置设置在水箱中下部。

1.4 供暖系统设置供暖循环泵和定压膨胀罐。

1.5 系统配置智能控制器，控制集热循环泵、辅助电加热装置及供暖循环泵，保证系统优先利用太阳能，并实现系统自动启停。智能控制器长期监控水箱内水温，条件满足时智能控制器可启动辅助电加热装置对蓄热水箱进行杀菌。

1.6 蓄热水箱设计温度为60 ℃。实际运行中用户可根据自身需求通过智能控制器设置水箱水温。智能控制器应能提供分别设置水箱蓄热温度、水箱最高温度、辅助电加热装置开启温度及其关闭温度的功能。

1.7 供热末端宜采用低温热水系统，本系统采用低温热水地板辐射供暖或强制对流换热的风机盘管形式，末端供暖供水设计温度为45 ℃。用户采用散热器时，应根据末端负荷及水箱供水温度仔细校核计算散热片数量。

1.8 可根据实际情况在需要水电计量的部分设置水电计量装置。

2 控制说明

蓄热水箱设计温度为60 ℃，最低温度为40 ℃；为最大化利用太阳能，水箱最高温度设定为80 ℃（注：对于四川高海拔地区，水箱最高温度应小于当地大气压力对应的水的沸点温度，详本图集第60页），该条件下系统控制策略如下：

2.1 太阳能集热系统管道内水温低于蓄热水箱水温，或高于蓄热水箱水温但不超过2 ℃时，集热循环泵不运行。

2.2 太阳能集热系统管道内水温高于蓄热水箱水温2 ℃，且蓄热水箱水温小于80 ℃时，太阳能集热循环泵开启；蓄热水箱水温高于80 ℃时，集热循环泵停止运行。

2.3 蓄热水箱水温小于40 ℃时，开启辅助电加热装置；辅助电加热装置加热过程中，水箱水温高于45 ℃时，辅助电加热装置停止运行。

2.4 用户有供暖需求时，自行开启供暖循环泵。

2.5 蓄热水箱的水温在24 h以内从未高于60 ℃时，启动辅助电加热装置将水温加热到60 ℃对水箱进行杀菌，水温达到要求后即停止加热。

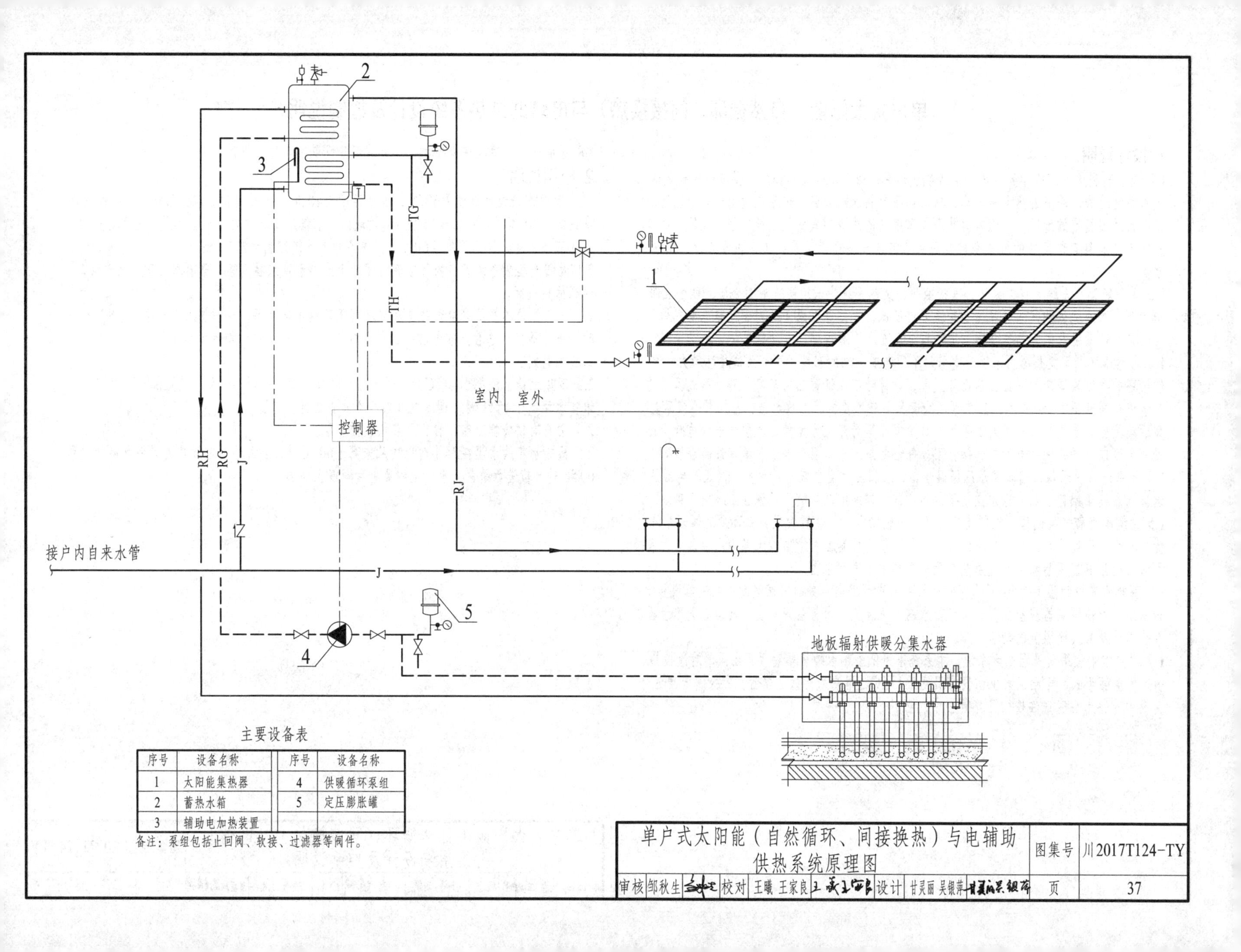

主要设备表

序号	设备名称	序号	设备名称
1	太阳能集热器	4	供暖循环泵组
2	蓄热水箱	5	定压膨胀罐
3	辅助电加热装置		

备注：泵组包括止回阀、软接、过滤器等阀件。

单户式太阳能（自然循环、间接换热）与电辅助供热系统原理图	图集号	川2017T124-TY
审核 邹秋生 校对 王曦 王家良 设计 甘灵丽 吴银萍	页	37

单户式太阳能（自然循环、间接换热）与电辅助供热系统设计及控制说明

1 设计说明

1.1 该系统利用太阳能作为供暖及生活热水热源，由太阳能集热循环、供暖循环和生活热水系统组成，采用蓄热水箱蓄热，辅助热源为电加热装置。该系统适用于太阳能资源很丰富及很稳定的地区，且无其他热源或采用其他热源形式的经济性、合理性较差的单户住宅，及具有该条件的城镇多层或高层住宅分户独立供热系统（含供暖与供生活热水）。

1.2 太阳能集热系统为自然循环、间接换热，集热系统内采用防冻液为介质，可适应四川严寒、寒冷地区的气候特点（冬季室外温度低，有防冻需求）。对于无防冻要求地区的住宅，可采用水作为集热介质。集热系统设置定压膨胀罐、自动排气装置及安全阀。

1.3 自然循环利用集热器内水温升高引起不同高度上水的密度不同而形成循环动力。自然循环的动力较弱，为保证自然循环效果，设计时应保证蓄热水箱底部高于集热器顶的热水出口高度不少于0.3 m，且在可能的情况下应尽量抬高蓄热水箱；蓄热水箱应尽量靠近集热器，连接管道不能太细且尽量减少弯头等局部阻力元件。集热器出水总管上设置一个可以自动关闭的电动二通阀，用以保证蓄热水箱水温不高于其设定最高温度。

1.4 本系统蓄热水箱采用闭式承压保温水箱，水箱压力由自来水补水系统保证。生活热水出水点设于水箱上部，进水点设于水箱底部，辅助电加热装置设置在水箱中下部。

1.5 系统配置智能控制器，控制集热循环泵、辅助电加热装置及供暖循环泵，保证系统优先利用太阳能集热，并实现系统自动启停。智能控制器长期监控水箱内水温，条件满足时智能控制器可启动辅助电加热装置对蓄热水箱进行杀菌。

1.6 蓄热水箱设计温度为60 ℃。实际运行中用户可根据自身需求通过智能控制器设置水箱水温。智能控制器应能提供分别设置水箱蓄热温度、水箱最高温度、辅助电加热装置开启温度及其关闭温度的功能。

1.7 供热末端宜采用低温热水系统，本系统采用低温热水地板辐射供暖或强制对流换热的风机盘管形式，末端供暖供水设计温度为45 ℃。用户采用散热器时，应根据末端负荷及水箱供水温度仔细校核计算散热片数量。

1.8 可根据实际情况在需要水电计量的部分设置水电计量装置。

2 控制说明

蓄热水箱设计温度为60 ℃，最低温度为40 ℃；为最大化利用太阳能，水箱最高温度设定为80 ℃（注：对于四川高海拔地区，水箱最高温度应小于当地大气压力对应的水的沸点温度，详本图集第60页），该条件下系统控制策略如下：

2.1 太阳能集热系统管道内防冻液温度低于蓄热水箱水温，集热器出水总管上的电动二通阀保持关闭。

2.2 太阳能集热系统管道内防冻液温度高于蓄热水箱水温，且蓄热水箱水温小于80 ℃时，集热器出水总管上的电动二通阀保持开启状态；蓄热水箱水温高于80 ℃时，电动二通阀关闭。

2.3 蓄热水箱水温小于40 ℃时，开启辅助电加热装置；辅助电加热装置加热过程中，水箱水温高于45 ℃时，辅助电加热装置停止运行。

2.4 用户有供暖需求时，自行开启供暖循环泵。

2.5 蓄热水箱的水温在24小时以内从未高于60 ℃时，启动辅助电加热装置将水温加热到60 ℃对水箱进行杀菌，水温达到要求后即停止加热。

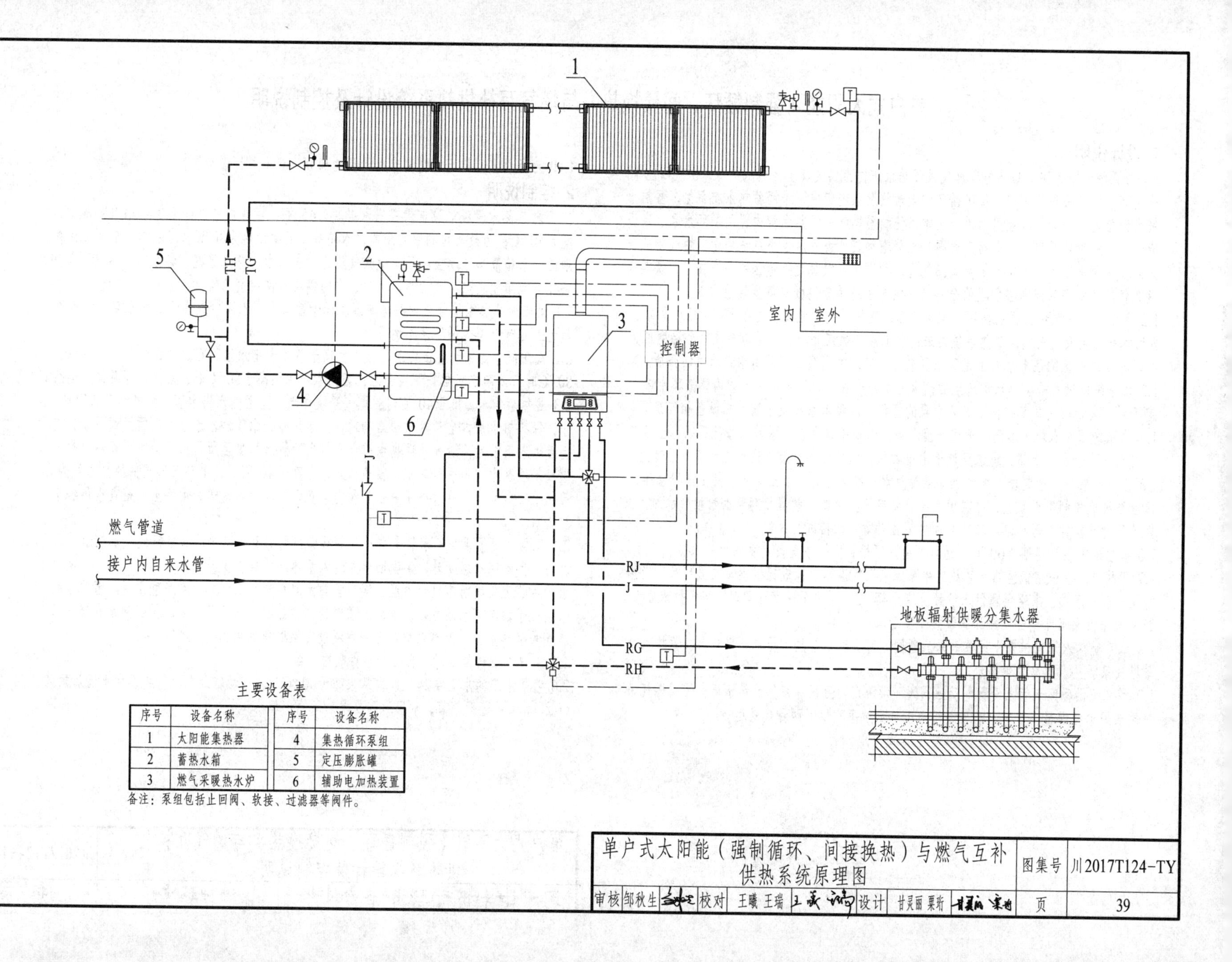

主要设备表

序号	设备名称	序号	设备名称
1	太阳能集热器	4	集热循环泵组
2	蓄热水箱	5	定压膨胀罐
3	燃气采暖热水炉	6	辅助电加热装置

备注：泵组包括止回阀、软接、过滤器等阀件。

单户式太阳能（强制循环、间接换热）与燃气互补供热系统原理图

图集号	川2017T124-TY
审核 邹秋生	校对 王曦 王瑞	设计 甘灵丽 栗珩	页 39

单户式太阳能（强制循环、间接换热）与燃气互补供热系统设计及控制说明

1 设计说明

1.1 该系统利用太阳能集热器和燃气采暖热水炉作为供暖及生活热水热源，由太阳能集热循环、燃气采暖热水炉、供暖循环和生活热水系统组成，采用蓄热水箱蓄热，蓄热水箱内设置辅助电加热装置用于杀菌。本系统利用燃气采暖热水炉内置的循环水泵、定压罐组成互补供热系统，除电动三通阀外无需增加其他设备。本系统适用于有燃气供应、太阳能资源丰富（或很丰富）及太阳能资源稳定（或很稳定）地区的单户住宅，及具有该条件的城镇多层或高层住宅的分户独立供热系统（含供暖与供生活热水）。

1.2 太阳能集热系统为强制循环、间接换热，集热系统设置集热循环泵、定压膨胀罐、自动排气装置及安全阀。集热系统内采用防冻液为热媒介质，可适应冬季室外温度低、有防冻要求地区的住宅。对于无防冻要求的住宅，集热系统可采用水作为热媒介质。

1.3 本系统以燃气采暖热水炉产生的热水为互补热源。燃气采暖热水炉内置循环水泵、定压罐，设计时应核算并保证循环水泵的扬程与供暖水系统及末端散热设备相匹配。

1.4 本系统蓄热水箱采用闭式承压保温水箱，水箱压力由自来水补水系统保证。生活热水出水点设于水箱上部，进水点设于水箱底部，辅助电加热装置设置在水箱中下部。

1.5 系统配置智能控制器，控制燃气采暖热水炉接管上的电动三通阀、集热循环泵等，保证系统优先利用太阳能，并实现系统自动启停。智能控制器长期监控水箱内水温，条件满足时智能控制器可启动辅助电加热装置对蓄热水箱进行杀菌。

1.6 蓄热水箱设计温度为60 ℃，运行中用户可根据实际情况设定蓄热水箱水温。

1.7 供热末端宜采用低温热水系统，本系统采用低温热水地板辐射供暖或强制对流换热的风机盘管形式，末端供暖供水设计温度为45 ℃。用户采用散热器时，应根据末端负荷及水箱供水温度仔细校核计算散热片数量。

1.8 本系统热水炉出水管上设置电动三通阀，可实现由蓄热水箱单独供热水、蓄热水箱与燃气采暖热水炉串联供热水。

1.9 本系统供暖回水管上设置电动三通阀，供暖期内可根据蓄热水箱水温，按照燃气采暖热水炉单独供暖、蓄热水箱与燃气采暖热水炉串联供暖两种模式运行。

1.10 可根据实际情况在需要水电计量的部分设置水电计量装置。

2 控制说明

燃气热水供暖炉设定供暖出水温度为45 ℃；蓄热水箱设计温度为60 ℃，最低温度为40 ℃；为最大化利用太阳能，水箱最高温度设定为80 ℃（注：对于四川高海拔地区，水箱最高温度应小于当地大气压力对应的水的沸点温度，详本图集第60页）该条件下太阳能集热、生活热水供热、房间供暖具体控制策略如下：

2.1 太阳能集热系统管道内防冻液温度低于蓄热水箱水温，或高于蓄热水箱水温但不超过2 ℃时，集热循环泵不运行。

2.2 太阳能集热系统管道内防冻液温度高于蓄热水箱水温2 ℃，且蓄热水箱水温小于80 ℃时，太阳能集热循环泵开启；蓄热水箱水温高于80 ℃时，集热循环泵停止运行。

2.3 蓄热水箱水温低于40 ℃时，燃气采暖热水炉生活热水出水管上的电动三通阀动作，保持热水炉内生活热水回路畅通、热水炉外进水管和出水管之间的旁通关断，有生活热水需求时，燃气采暖热水炉点火将生活热水加热至所需温度，实现蓄热水箱与燃气采暖热水炉串联供热水；蓄热水箱水温高于40 ℃时，电动三通阀保持热水炉内生活热水回路关断、热水炉外进水管和出水管之间的旁通畅通，由蓄热水箱直接供给生活热水。

2.4 正常情况下供暖回水管上电动三通阀保持通向蓄热水箱的管路畅通。蓄热水箱水温高于供暖回水温度时，供暖回水先进入蓄热水箱换热提升温度，再进入燃气采暖热水炉加热至供暖所需供水温度，实现蓄热水箱和燃气采暖热水炉串联供暖。蓄热水箱水温低于供暖回水温度时，电动三通阀通向蓄热水箱的管路关断，供暖回水直接进入燃气采暖热水炉，由热水炉提升到供暖设定温度单独供暖。

2.5 用户有供暖需求时，自行开启供暖循环泵。

2.6 蓄热水箱的水温在24 h以内从未高于60 ℃时，启动辅助电加热装置将水温加热到60 ℃对水箱进行杀菌，水温达到要求后即停止加热。

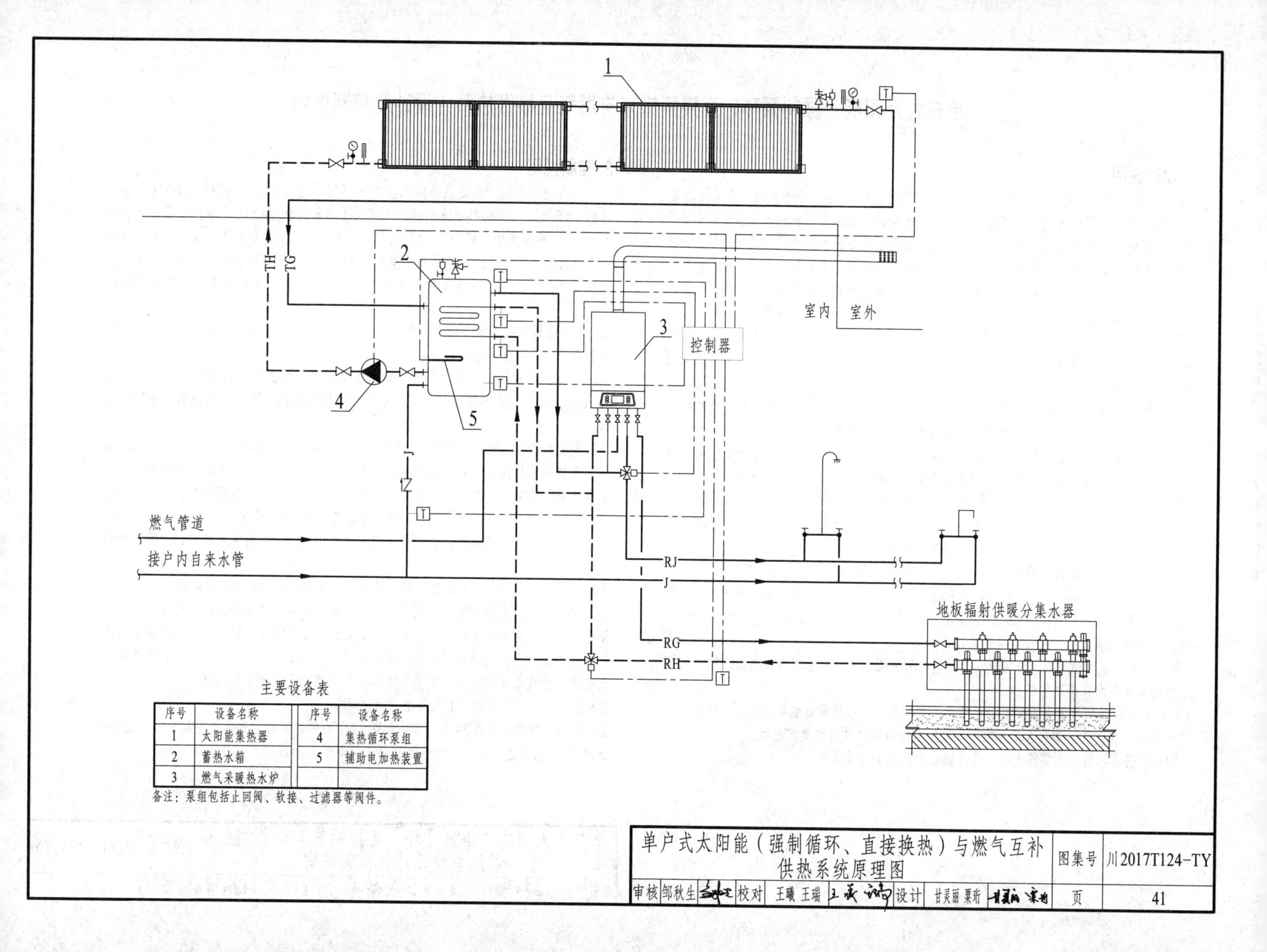

主要设备表

序号	设备名称	序号	设备名称
1	太阳能集热器	4	集热循环泵组
2	蓄热水箱	5	辅助电加热装置
3	燃气采暖热水炉		

备注：泵组包括止回阀、软接、过滤器等阀件。

单户式太阳能（强制循环、直接换热）与燃气互补供热系统原理图	图集号	川2017T124-TY
审核 邹秋生 校对 王曦 王瑞 设计 甘灵丽 栗珩	页	41

单户式太阳能（强制循环、直接换热）与燃气互补供热系统设计及控制说明

1 设计说明

1.1 该系统利用太阳能集热器和燃气采暖热水炉作为供暖及生活热水热源，由太阳能集热循环、燃气采暖热水炉、供暖循环和生活热水系统组成，采用蓄热水箱蓄热，蓄热水箱内设置辅助电加热装置用于杀菌。本系统利用燃气采暖热水炉内置的循环水泵、定压罐组成互补供热系统，除电动三通阀外无需增加其他设备。本系统适用于有燃气供应、太阳能资源丰富（或很丰富）及太阳能资源稳定（或很稳定）地区的单户住宅，及具有该条件的城镇多层或高层住宅的分户独立供热系统（含供暖与供生活热水）。

1.2 太阳能集热系统采用水作为热媒介质，为强制循环，太阳能集热器产生的热水直接接入蓄热水箱。冬季室外温度低、有防冻需求的地区不建议采用该系统。集热系统需设置自动排气装置及安全阀。

1.3 本系统以燃气采暖热水炉产生的热水为互补热源。燃气采暖热水炉内置循环水泵、定压罐，设计时应核算并保证循环水泵的扬程与供暖水系统及末端散热设备相匹配。

1.4 本系统蓄热水箱采用闭式承压保温水箱，水箱压力由自来水补水系统保证。生活热水出水点设于水箱上部，进水点设于水箱底部，辅助电加热装置设置在水箱中下部。

1.5 系统配置智能控制器，控制燃气采暖热水炉接管上的电动三通阀、集热循环泵等，保证系统优先利用太阳能，并实现系统自动启停。智能控制器长期监控水箱内水温，条件满足时智能控制器可启动辅助电加热装置对蓄热水箱进行杀菌。

1.6 蓄热水箱设计温度为60 ℃，运行中用户可根据实际情况设定蓄热水箱水温。

1.7 供热末端宜采用低温热水系统，本系统采用低温热水地板辐射供暖或强制对流换热的风机盘管形式，末端供暖供水设计温度为45 ℃。用户采用散热器时，应根据末端负荷及水箱供水温度仔细校核计算散热片数量。

1.8 本系统热水炉出水管上设置电动三通阀，可实现由蓄热水箱单独供热水、蓄热水箱与燃气采暖热水炉串联供热水。

1.9 本系统供暖回水管上设置电动三通阀，供暖期内可根据蓄热水箱水温，按照燃气采暖热水炉单独供暖、蓄热水箱与燃气采暖热水炉串联供暖两种模式运行。

1.10可根据实际情况在需要水电计量的部分设置水电计量装置。

2 控制说明

燃气热水供暖炉设定供暖出水温度为45 ℃；蓄热水箱设计温度为60 ℃，最低温度为40 ℃；为最燃气热水供暖炉设定供暖出水温度为45 ℃；蓄热水箱设计温度为60 ℃，最低温度为40 ℃；为最大化利用太阳能，水箱最高温度设定为80℃（注：对于四川高海拔地区，水箱最高温度应小于当地大气压力对应的水的沸点温度，详本图集第60页）该条件下太阳能集热、生活热水供热、房间供暖具体控制策略如下：

2.1 太阳能集热系统管道内水温度低于蓄热水箱水温，或高于蓄热水箱水温但不超过2 ℃时，集热循环泵不运行。

2.2 太阳能集热系统管道内水温度高于蓄热水箱水温2 ℃，且蓄热水箱水温小于80 ℃时，太阳能集热循环泵开启；蓄热水箱水温高于80 ℃时，集热循环泵停止运行。

2.3 蓄热水箱水温低于40 ℃时，燃气采暖热水炉生活热水出水管上的电动三通阀动作，保持热水炉内生活热水回路畅通、热水炉外进水管和出水管之间的旁通关断，有生活热水需求时，燃气采暖热水炉点火将生活热水加热至所需温度，实现蓄热水箱与燃气采暖热水炉串联供热水；蓄热水箱水温高于40 ℃时，电动三通阀保持热水炉内生活热水回路关断、热水炉外进水管和出水管之间的旁通畅通，由蓄热水箱直接供给生活热水。

2.4 正常情况下供暖回水管上电动三通阀保持通向蓄热水箱的管路畅通。蓄热水箱水温高于供暖回水温度时，供暖回水先进入蓄热水箱换热提升温度，再进入燃气采暖热水炉加热至供暖所需供水温度，实现蓄热水箱和燃气采暖热水炉串联供暖。蓄热水箱水温低于供暖回水温度时，电动三通阀通向蓄热水箱的管路关断，供暖回水直接进入燃气采暖热水炉，由热水炉提升到供暖设定温度单独供暖。

2.5 用户有供暖需求时，自行开启供暖循环泵。

2.6 蓄热水箱的水温在24 h以内从未高于60 ℃时，启动辅助电加热装置将水温加热到60 ℃对水箱进行杀菌，水温达到要求后即停止加热。

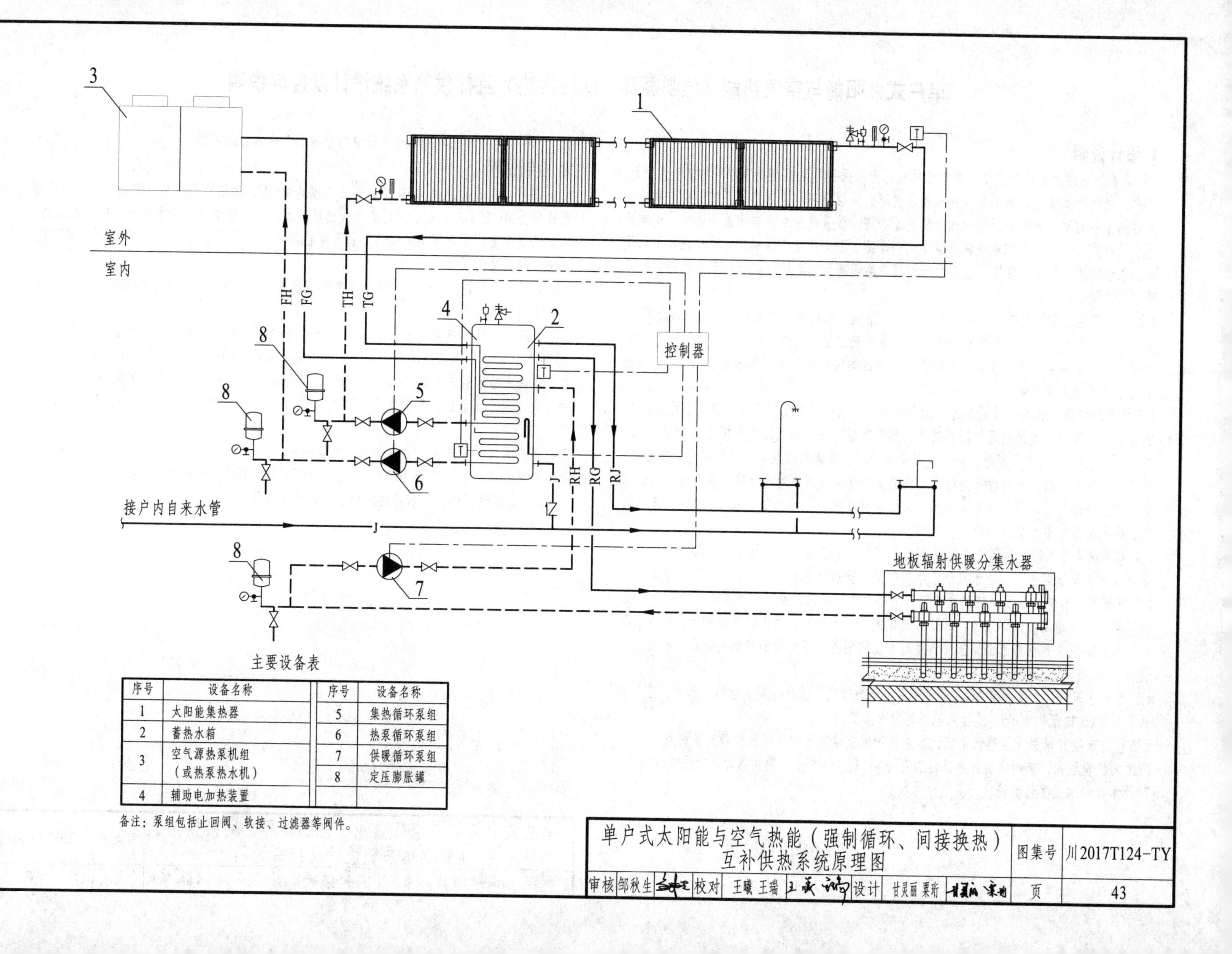

主要设备表

序号	设备名称	序号	设备名称
1	太阳能集热器	5	集热循环泵组
2	蓄热水箱	6	热泵循环泵组
3	空气源热泵机组（或热泵热水机）	7	供暖循环泵组
		8	定压膨胀罐
4	辅助电加热装置		

备注：泵组包括止回阀、软接、过滤器等阀件。

单户式太阳能与空气热能（强制循环、间接换热）互补供热系统原理图	图集号	川2017T124-TY
审核 邹秋生 校对 王曦 王瑞 设计 甘灵丽 粟祈	页	43

单户式太阳能与空气热能（强制循环、间接换热）互补供热系统设计及控制说明

1 设计说明

1.1 该系统利用太阳能作为供暖及生活热水热源，采用热泵机组提升空气热能作为互补热源，系统由太阳能集热循环、互补热源循环、供暖循环和生活热水系统组成。系统采用蓄热水箱蓄热且内设辅助电加热装置用于杀菌。该系统采用可再生能源供热，尤其适用于没有燃气供应、太阳能资源丰富（或很丰富）及太阳能资源稳定（或很稳定）的地区；系统既适合于单户住宅，也适用于城镇多层或高层住宅的分户独立供热系统（含供暖与供生活热水）。

1.2 太阳能集热系统为强制循环、间接换热，集热系统设置集热循环泵、定压膨胀罐、自动排气装置及安全阀，并在蓄热水箱内设置换热盘管。集热系统内采用防冻液为热媒介质，可适应冬季室外温度低、有防冻要求地区的住宅。对于无防冻要求的住宅，集热系统可采用水作为热媒介质。

1.3 本系统以热泵机组为互补热源，设置热泵循环泵和定压膨胀罐等设备，互补热源系统在蓄热水箱内通过换热盘管间接换热。热泵机组可采用空气源热泵机组(或热泵热水机)。采用空气源热泵机组时，对于有夏季空调冷负荷需求的住宅，应优先选用热回收型空气源热泵机组，并将设备同时用作住宅夏季空调冷源；对于无空调冷负荷需求的住宅，宜选用单热型的空气源热泵机组。设计时应按照“设计选用说明”（详本图集第8页）的要求对设备容量进行校核。

1.4 本系统蓄热水箱采用闭式承压保温水箱，水箱压力由自来水补水系统保证。生活热水出水点设于水箱上部，进水点设于水箱底部，辅助电加热装置设置在水箱中下部。

1.5 系统配置智能控制器，控制系统管道上的集热循环泵、互补热源及其循环泵（热泵循环泵）、末端供暖循环泵等，保证系统优先利用太阳能，并实现系统自动启停。智能控制器长期监控水箱内水温，条件满足时智能控制器可启动辅助电加热装置对蓄热水箱进行杀菌。

1.6 蓄热水箱设计温度为60 ℃，运行中用户可根据实际情况设定蓄热水箱水温。空气源热泵机组(或热泵热水机)则通过主机设定出水温度。

1.7 供热末端宜采用低温热水系统，本系统采用低温热水地板辐射供暖或强制对流换热的风机盘管形式，末端供暖供水设计温度为43 ℃。用户采用散热器时，应根据末端负荷及水箱供水温度仔细校核计算散热片数量。

1.8 可根据实际情况在需要水电计量的部分设置水电计量装置。

2 控制说明

蓄热水箱设计温度为60 ℃，最低温度为40 ℃；为最大化利用太阳能，水箱最高温度设定为80 ℃（注：对于四川高海拔地区，水箱最高温度应小于当地大气压力对应的水的沸点温度，详本图集第60页）；热泵机组（或热泵热水机）设定出水温度为47 ℃。系统控制策略如下：

2.1 太阳能集热系统管道内防冻液温度低于蓄热水箱水温，或高于蓄热水箱水温但不超过2 ℃时，集热循环泵不运行。

2.2 太阳能集热系统管道内防冻液温度高于蓄热水箱水温2 ℃，且蓄热水箱水温小于80 ℃时，太阳能集热循环泵开启；蓄热水箱水温高于80 ℃时，集热循环泵停止运行。

2.3 蓄热水箱水温低于40 ℃时，按照规定的开机顺序启动热泵机组及其循环泵（热泵循环泵）对水箱加热；蓄热水箱水温达到45 ℃时，按照规定的关机顺序关闭热泵机组及其循环泵。

2.4 用户有供暖需求时，自行开启供暖循环泵。

2.5 蓄热水箱的水温在24 h以内从未高于60 ℃时，启动辅助电加热装置将水温加热到60 ℃对水箱进行杀菌，水温达到要求后即停止加热。

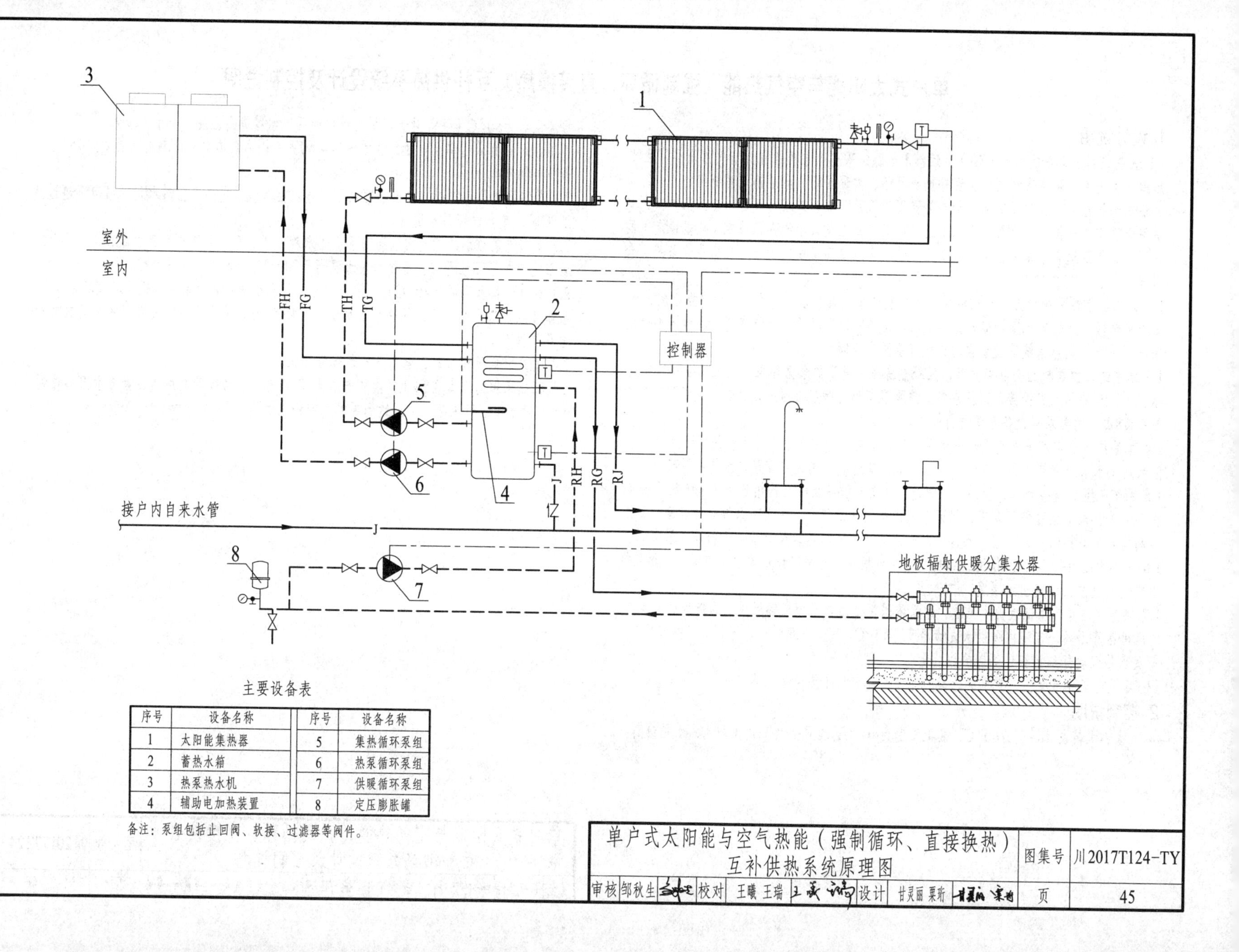

主要设备表

序号	设备名称	序号	设备名称
1	太阳能集热器	5	集热循环泵组
2	蓄热水箱	6	热泵循环泵组
3	热泵热水机	7	供暖循环泵组
4	辅助电加热装置	8	定压膨胀罐

备注：泵组包括止回阀、软接、过滤器等阀件。

单户式太阳能与空气热能（强制循环、直接换热）互补供热系统原理图						图集号	川2017T124-TY
审核	邹秋生	校对	王曦 王瑞	设计	甘灵丽 栗昕	页	45

单户式太阳能与空气热能（强制循环、直接换热）互补供热系统设计及控制说明

1 设计说明

1.1 该系统利用太阳能作为供暖及生活热水热源，采用热泵机组提升空气热能作为互补热源，系统由太阳能集热循环、互补热源循环、供暖循环和生活热水系统组成。系统采用蓄热水箱蓄热，且内设辅助电加热装置用于杀菌。该系统采用可再生能源供热，尤其适用于没有燃气供应、太阳能资源丰富（或很丰富）及太阳能资源稳定（或很稳定）的地区；系统既适合于单户住宅，也适用于城镇多层或高层住宅的分户独立供热系统（含供暖与供生活热水）。

1.2 太阳能集热系统设置集热循环泵，为强制循环。集热系统采用水作为热媒介质，太阳能集热器产生的热水直接接入蓄热水箱。冬季室外温度低、有防冻需求的地区不建议采用该系统。集热系统需设置自动排气装置及安全阀。

1.3 本系统以热泵机组为互补热源，互补热源系统设置热泵循环泵，热泵机组为热泵热水机，产生的热水直接接入蓄热水箱。热泵机组设计时应按照“设计选用说明”（详本图集第8页）的要求对设备容量进行校核。

1.4 本系统蓄热水箱采用闭式承压保温水箱，水箱压力由自来水补水系统保证生活热水出水点设于水箱上部，进水点设于水箱底部，辅助电加热装置设置在水箱中下部。

1.5 系统配置智能控制器，控制系统管道上的集热循环泵、互补热源及其循环泵（热泵循环泵）、末端供暖循环泵等，保证系统优先利用太阳能，并实现系统自动启停。智能控制器长期监控水箱内水温，条件满足时启动辅助电加热装置对蓄热水箱进行杀菌。

1.6 蓄热水箱设计温度为60 ℃，运行中用户可根据实际情况设定蓄热水箱水温。热泵热水机则通过主机设定出水温度。

1.7 供热末端宜采用低温热水系统，本系统采用低温热水地板辐射供暖或强制对流换热的风机盘管形式，末端供暖供水设计温度为43 ℃。用户采用散热器时，应根据末端负荷及水箱温度仔细校核计算散热片数量。

1.8 可根据实际情况在需要水电计量的部分设置水电计量装置。

2 控制说明

蓄热水箱设计温度为60 ℃，最低温度为40 ℃；为最大化利用太阳能，水箱最高温度设定为80 ℃（注：对于四川高海拔地区，水箱最高温度应小于当地大气压力对应的水的沸点温度，详本图集第60页）；热泵热水机设定出水温度为45 ℃。

系统控制策略如下：

2.1 太阳能集热系统管道内水温度低于蓄热水箱水温，或高于蓄热水箱水温但不超过2 ℃时，集热循环泵不运行。

2.2 太阳能集热系统管道内水温高于蓄热水箱水温2 ℃，且蓄热水箱水温小于80 ℃时，太阳能集热循环泵开启；蓄热水箱水温高于80 ℃时，集热循环泵停止运行。

2.3 蓄热水箱水温低于40 ℃时，按照规定的开机顺序启动热泵热水机及其循环泵（热泵循环泵）对水箱加热；蓄热水箱水温高于45 ℃时，按照规定的关机顺序关闭热泵机组及其循环泵。

2.4 用户有供暖需求时，自行开启供暖循环泵。

2.5 蓄热水箱的水温在24 h以内从未高于60 ℃时，启动辅助电加热装置将水温加热到60 ℃对水箱进行杀菌，水温达到要求后即停止加热。

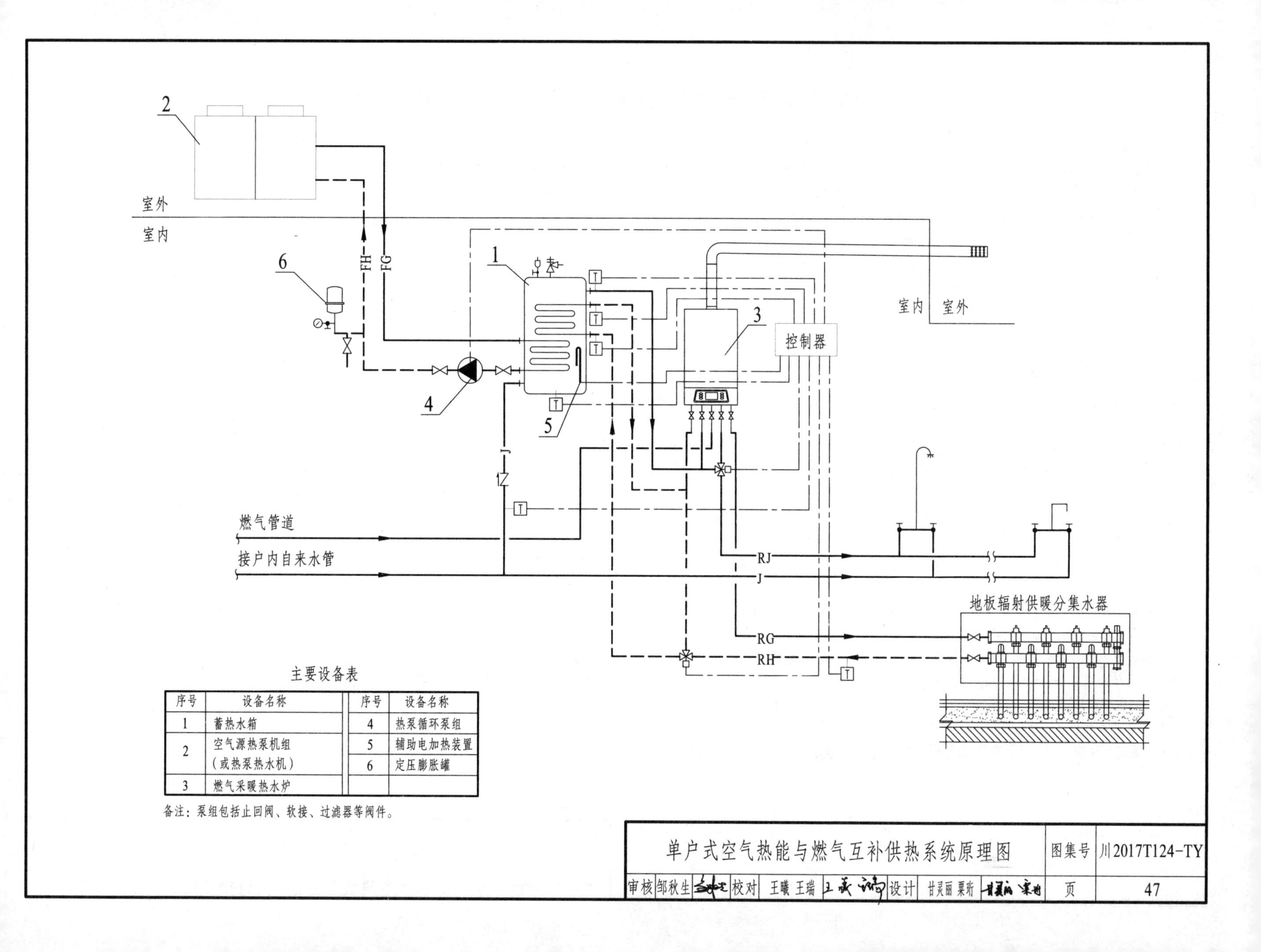

主要设备表

序号	设备名称	序号	设备名称
1	蓄热水箱	4	热泵循环泵组
2	空气源热泵机组（或热泵热水机）	5	辅助电加热装置
		6	定压膨胀罐
3	燃气采暖热水炉		

备注：泵组包括止回阀、软接、过滤器等阀件。

单户式空气热能与燃气互补供热系统原理图						图集号	川2017T124-TY
审核	邹秋生	校对	王曦 王瑞	设计	甘灵丽 栗昕	页	47

单户式空气热能与燃气互补供热系统设计及控制说明

1 设计说明

1.1 该系统利用热泵机组和燃气采暖热水炉作为供暖及生活热水热源，由热泵机组及其循环水泵（热泵循环泵）、燃气采暖热水炉、供暖循环及生活热水系统组成，采用蓄热水箱蓄热且内设辅助电加热装置用于杀菌。本系统利用燃气采暖热水炉内置的循环水泵、定压罐组成互补供热系统，除电动三通阀外无需增加其他设备。本系统适用于有燃气供应地区的单户住宅，也适用于具有该条件的城镇多层或高层住宅的分户独立供热系统（含供暖与供生活热水）。

1.2 热泵循环系统需设置循环泵（热泵循环泵）和定压膨胀罐等设备，在蓄热水箱内通过换热盘管间接换热。热泵机组可采用空气源热泵机组或热泵热水机。采用空气源热泵机组时，对于有夏季空调冷负荷需求的住宅，应优先选用热回收型空气源热泵机组，并将设备同时用作住宅夏季空调冷源；对于无空调冷负荷需求的住宅，宜选用单热型的空气源热泵机组。设计时应按照“设计选用说明”（详本图集第8页）的要求对设备容量进行校核。

1.3 本系统以燃气采暖热水炉产生的热水为互补热源。燃气采暖热水炉内置循环水泵、定压罐，设计时应核算并保证循环水泵的扬程与供暖水系统及末端散热设备相匹配。

1.4 本系统蓄热水箱采用闭式承压保温水箱，水箱压力由自来水补水系统保证。生活热水出水点设于水箱上部，进水点设于水箱底部，辅助电加热装置设置在水箱中下部。

1.5 系统配置智能控制器，控制空气源热泵机组或热泵热水机、热泵循环泵、燃气采暖热水炉接管上的电动三通阀等，实现系统自动启停。智能控制器长期监控水箱内水温，条件满足时智能控制器可启动辅助电加热装置对蓄热水箱进行杀菌。

1.6 蓄热水箱设计温度为45 ℃。运行中用户可根据实际情况设定蓄热水箱水温。

1.7 供热末端宜采用低温热水系统，本系统采用低温热水地板辐射供暖或强制对流换热的风机盘管形式，末端供暖供水设计温度为43 ℃。用户采用散热器时，应根据末端负荷及水箱供水温度仔细校核计算散热片数量。

1.8 本系统热水炉出水管上设置电动三通阀，可实现由蓄热水箱单独供热水、蓄热水箱与燃气采暖热水炉串联供热水。

1.9 本系统供暖回水管上设置电动三通阀，供暖期内可根据蓄热水箱水温，按照燃气采暖热水炉单独供暖、蓄热水箱与燃气采暖热水炉串联供暖两种模式运行。

1.10 可根据实际情况在需要水电计量的部分设置水电计量装置。

2 控制说明

空气源热泵机组(或热泵热水机）设定出水温度为47 ℃，燃气热水供暖炉设定供暖出水温度为45 ℃、末端供暖供水设计温度为43 ℃、生活热水（蓄热水箱）最低供水温度40 ℃。在遵循充分利用可再生能源（空气能）、用户用能成本最低的原则下，根据系统设计经济运行平衡点温度（参照本图集第61页）确定热源运行状态，具体控制策略如下：

2.1 室外温度高于系统设计经济运行平衡点温度时，且蓄热水箱水温低于40 ℃时，按照要求的开机顺序启动热泵机组及其循环泵（热泵循环泵），对蓄热水箱加热。蓄热水箱温度达到45 ℃时，按照要求的关机顺序关闭热泵机组及其循环泵。

2.2 蓄热水箱水温低于40 ℃时，燃气采暖热水炉生活热水出水管上的电动三通阀动作，保持热水炉内生活热水回路畅通、热水炉外进水管和出水管之间的旁通关断，有生活热水需求时，燃气采暖热水炉点火将生活热水加热至所需温度，实现蓄热水箱与燃气采暖热水炉串联供热水；蓄热水箱水温高于40 ℃时，电动三通阀保持燃气采暖热水炉内生活热水回路关断、燃气采暖热水炉外进水管和出水管之间的旁通畅通，由蓄热水箱直接供给生活热水。

2.3 正常情况下供暖回水管上电动三通阀保持通向蓄热水箱的管路畅通。蓄热水箱水温高于供暖回水温度时，供暖回水先进入蓄热水箱换热提升温度，再进入燃气采暖热水炉加热至供暖所需供水温度，实现蓄热水箱和燃气采暖热水炉串联供暖。蓄热水箱水温低于供暖回水温度时，电动三通阀通向蓄热水箱的管路关断，供暖回水直接进入燃气采暖热水炉，由热水炉提升到供暖设定温度单独供暖。

2.4 用户有供暖需求时，自行开启供暖循环泵。

2.5 控制系统每隔24 h启动辅助电加热装置，将水温加热到60 ℃对水箱进行杀菌，水温达到要求后即停止加热。

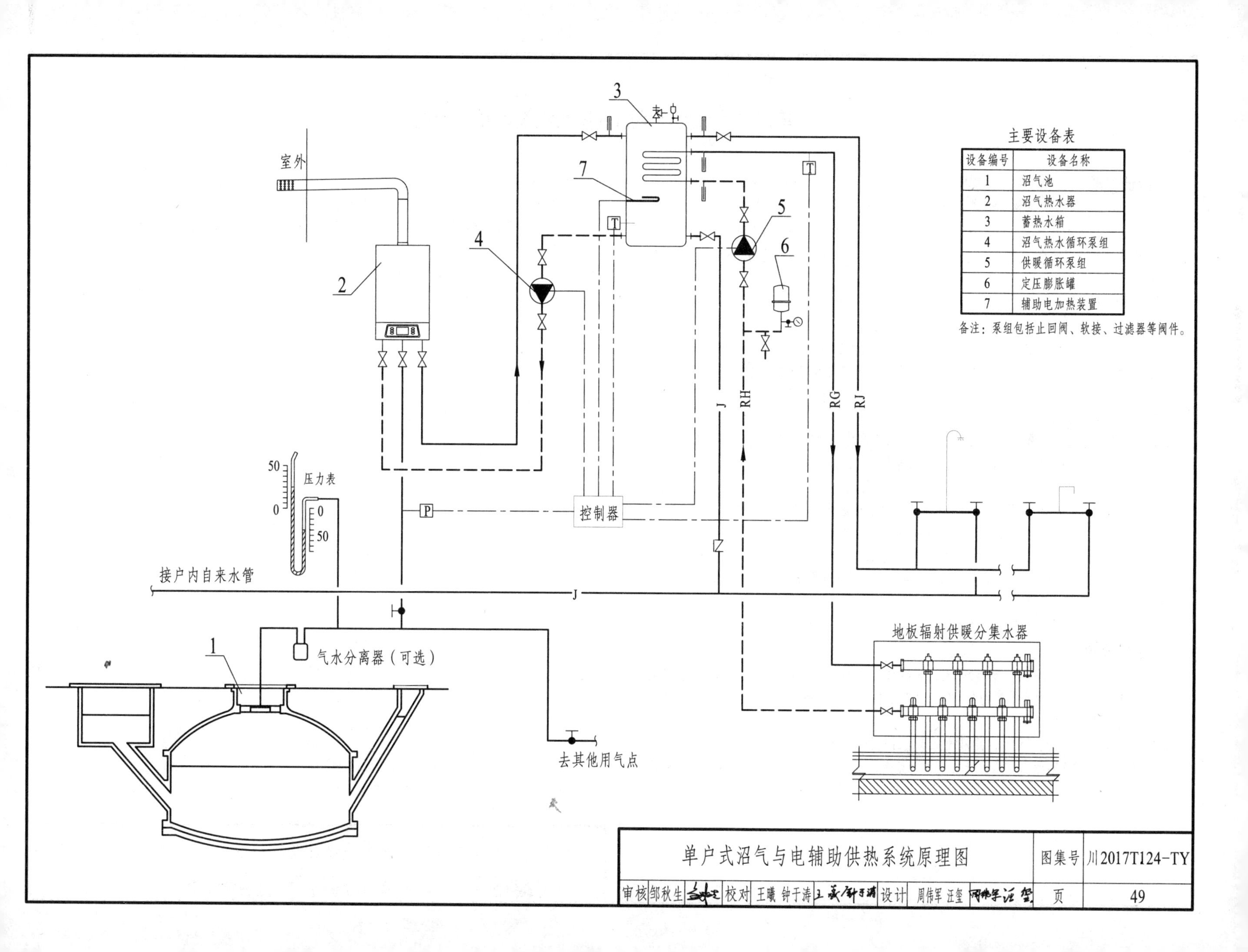

主要设备表

设备编号	设备名称
1	沼气池
2	沼气热水器
3	蓄热水箱
4	沼气热水循环泵组
5	供暖循环泵组
6	定压膨胀罐
7	辅助电加热装置

备注：泵组包括止回阀、软接、过滤器等阀件。

单户式沼气与电辅助供热系统原理图

图集号 川2017T124-TY

审核 邹秋生 校对 王曦 钟于涛 设计 周伟军 汪玺

单户式沼气与电辅助供热系统设计及控制说明

1 设计说明

1.1 该系统将沼气热水器产生的热量储存于蓄热水箱，由蓄热水箱提供供暖及生活热水。系统由沼气热水循环系统、供暖循环和生活热水系统组成，辅助热源为电加热装置。该系统适用于有充足沼气、无其他辅助热源或采用其他辅助热源的合理性、经济型较差的农村住宅。

1.2 本系统采用的沼气专用热水器应有自动点火、防干烧自动熄火保护及过热保护功能，要求对沼气气压不稳定性适应性强，能够低水压启动并持续工作。

1.3 本系统蓄热水箱采用闭式承压保温水箱，水箱压力由自来水补水系统保证。生活热水出水点设于水箱上部，进水点设于水箱底部，水箱内的辅助电加热装置设置于其中下部。

1.4 供暖系统设置供暖循环泵和定压膨胀罐。

1.5 系统配置智能控制器，控制沼气热水循环泵、辅助电加热装置及末端供暖循环泵等，实现系统自动启停。智能控制器长期监控水箱内水温，条件满足时启动辅助电加热装置对蓄热水箱进行杀菌。

1.6 蓄热水箱设计温度为50 ℃、沼气热水器设计出水温度为50 ℃。实际运行中沼气热水器出水温度可由用户确定，蓄热水箱最低温度、最高温度则通过智能控制器设置。

1.7 供热末端宜采用低温热水系统，本系统采用低温热水地板辐射供暖或强制对流换热的风机盘管形式，末端供暖供水设计温度为45 ℃。用户采用散热器时，应根据末端负荷及水箱温度仔细校核计算散热片数量。

1.8 可根据实际情况在需要水电计量的部分设置水电计量装置。

2 控制说明

沼气热水器出水温度设定为50 ℃，蓄热水箱设计温度为50 ℃，蓄热水箱最低温度设定为40 ℃，供暖供水温度为45 ℃。为充分利用沼气，减少辅助电加热装置运行时间，系统采取如下控制策略：

2.1 蓄热水箱水温低于45 ℃，且沼气充沛（沼气压力达到热水器额定值）时，启动沼气热水循环泵。沼气热水器在压力开关作用下点火，产生的热水储存于蓄热水箱内，水温达到50 ℃即关闭沼气热水循环泵。

2.2 蓄热水箱水温低于40 ℃，且沼气压力不足（沼气压力低于热水器额定值）时，开启辅助电加热装置；辅助电加热装置加热过程中，水箱水温高于45 ℃时，辅助电加热装置停止运行。

2.3 用户有供暖需求时，自行开启供暖循环泵。

2.4 控制系统每隔24 h启动辅助电加热装置，将水温加热到60 ℃对水箱进行杀菌，水温达到要求后即停止加热。

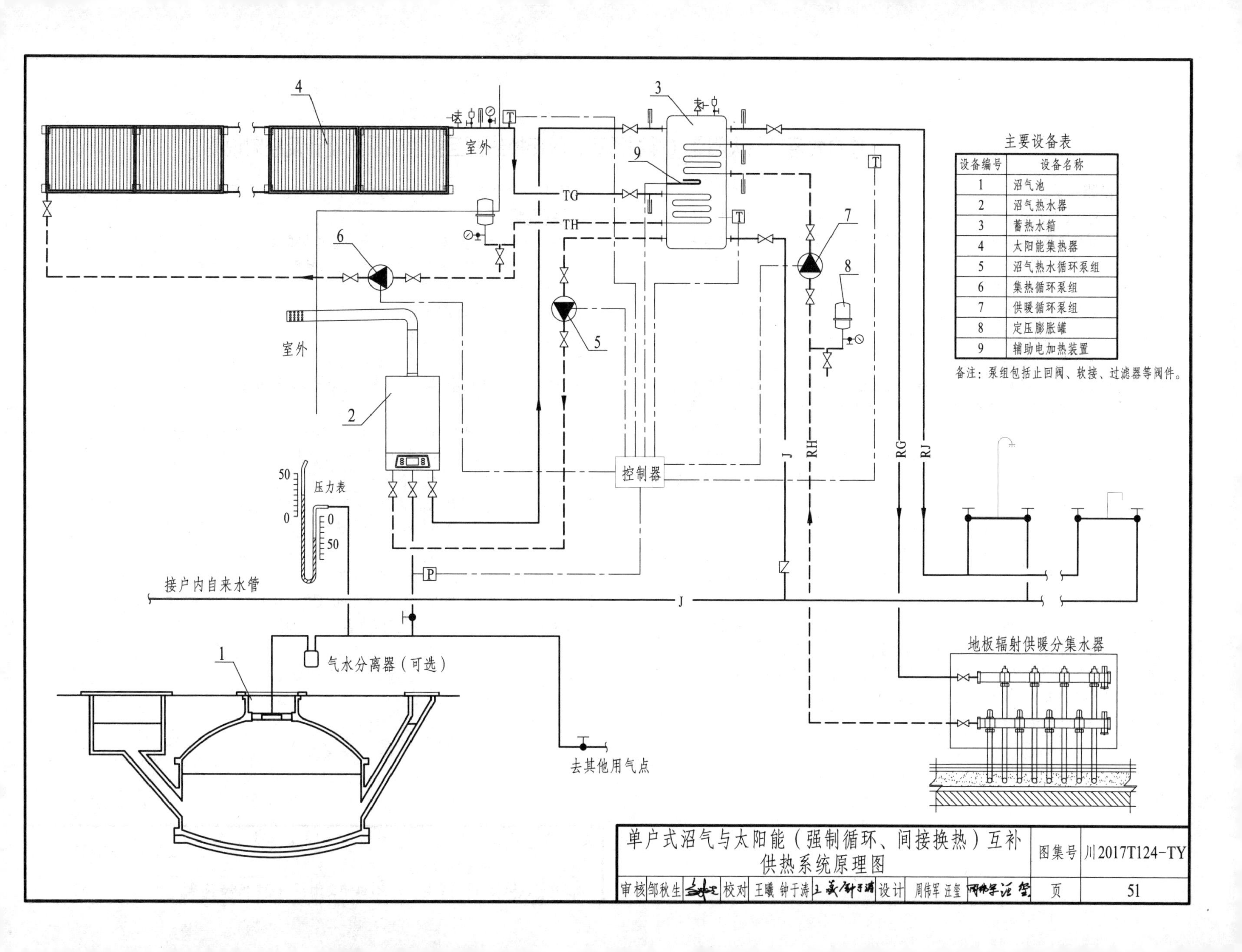

主要设备表

设备编号	设备名称
1	沼气池
2	沼气热水器
3	蓄热水箱
4	太阳能集热器
5	沼气热水循环泵组
6	集热循环泵组
7	供暖循环泵组
8	定压膨胀罐
9	辅助电加热装置

单户式沼气与太阳能（强制循环、间接换热）互补供热系统原理图	图集号	川2017T124-TY
审核 邹秋生　校对 王曦 钟于涛　设计 周伟军 汪玺	页	51

单户式沼气与太阳能（强制循环、间接换热）互补供热系统设计及控制说明

1 设计说明

1.1 该系统利用太阳能和沼气作为供暖及生活热水热源，由太阳能集热循环、沼气热水循环系统、供暖循环和生活热水系统组成，采用蓄热水箱蓄热，蓄热水箱内设置辅助电加热装置。该系统适用于太阳能资源丰富、有充足沼气的农村住宅。

1.2 太阳能集热系统为强制循环、间接换热，集热系统设置集热循环泵、定压膨胀罐、自动排气装置及安全阀，并在蓄热水箱内设置换热盘管。集热系统内 采用防冻液为热媒介质，可适应冬季室外温度低、有防冻要求地区的住宅。对于无防冻要求的住宅，集热系统可采用水作为热媒介质。

1.3 本系统以沼气热水器为互补热源。系统采用的沼气专用热水器应有自动点火、防干烧自动熄火保护及过热保护功能，要求对沼气气压不稳定性适应性强，能够低水压启动并持续工作。

1.4 本系统蓄热水箱采用闭式承压保温水箱，水箱压力由自来水补水系统保证。生活热水出水点设于水箱上部，进水点设于水箱底部，水箱内的辅助电加热装置设置于其中下部。

1.5 供暖系统设置供暖循环泵和定压膨胀罐。

1.6 系统配置智能控制器，控制沼气热水循环泵、集热循环泵、辅助电加热装置及末端供暖循环泵，并实现系统自动启停。智能控制器长期监控水箱内水温，条件满足时启动辅助电加热装置对蓄热水箱进行杀菌。

1.7 蓄热水箱设计温度为50 ℃、沼气热水器设计出水温度为50 ℃。实际运行中沼气热水器出水温度可由用户确定，蓄热水箱最低温度、最高温度则通过智能控制器设置。

1.8 供热末端宜采用低温热水系统，本系统采用低温热水地板辐射供暖或强制对流换热的风机盘管形式，末端供暖供水设计温度为45 ℃。用户采用散热器时，应根据末端负荷及水箱温度仔细校核计算散热片数量。

1.9 可根据实际情况在需要水电计量的部分设置水电计量装置。

2 控制说明

蓄热水箱最低温度设定为40 ℃，最高温度为80 ℃，沼气热水器出水温度设定为50 ℃。供暖供水温度为45 ℃。为充分利用太阳能和沼气，减少辅助电加热装置运行时间，系统采取如下控制策略：

2.1 太阳能集热系统管道内防冻液温度低于蓄热水箱水温，或高于蓄热水箱水温但不超过2 ℃时，集热循环泵不运行。

2.2 太阳能集热系统管道内防冻液温度高于蓄热水箱水温2 ℃，且蓄热水箱水温小于80 ℃时，太阳能集热循环泵开启；蓄热水箱水温高于80 ℃时，集热循环泵停止运行。

2.3 蓄热水箱水温低于45 ℃，且沼气充沛（沼气压力达到热水器额定值）时，启动沼气热水循环泵。沼气热水器在压力开关作用下点火，产生的热水储存于蓄热水箱内，水温达到50 ℃即关闭沼气热水循环泵。

2.4 蓄热水箱水温低于40 ℃，且沼气压力不足（沼气压力低于热水器额定值）时，开启辅助电加热装置；辅助电加热装置加热过程中，水箱水温高于45 ℃时，辅助电加热装置停止运行。

2.5 用户有供暖需求时，自行开启供暖循环泵。

2.6 蓄热水箱的水温在24 h以内从未高于60 ℃时，启动辅助电加热装置将水温加热到60 ℃对水箱进行杀菌，水温达到要求后即停止加热。

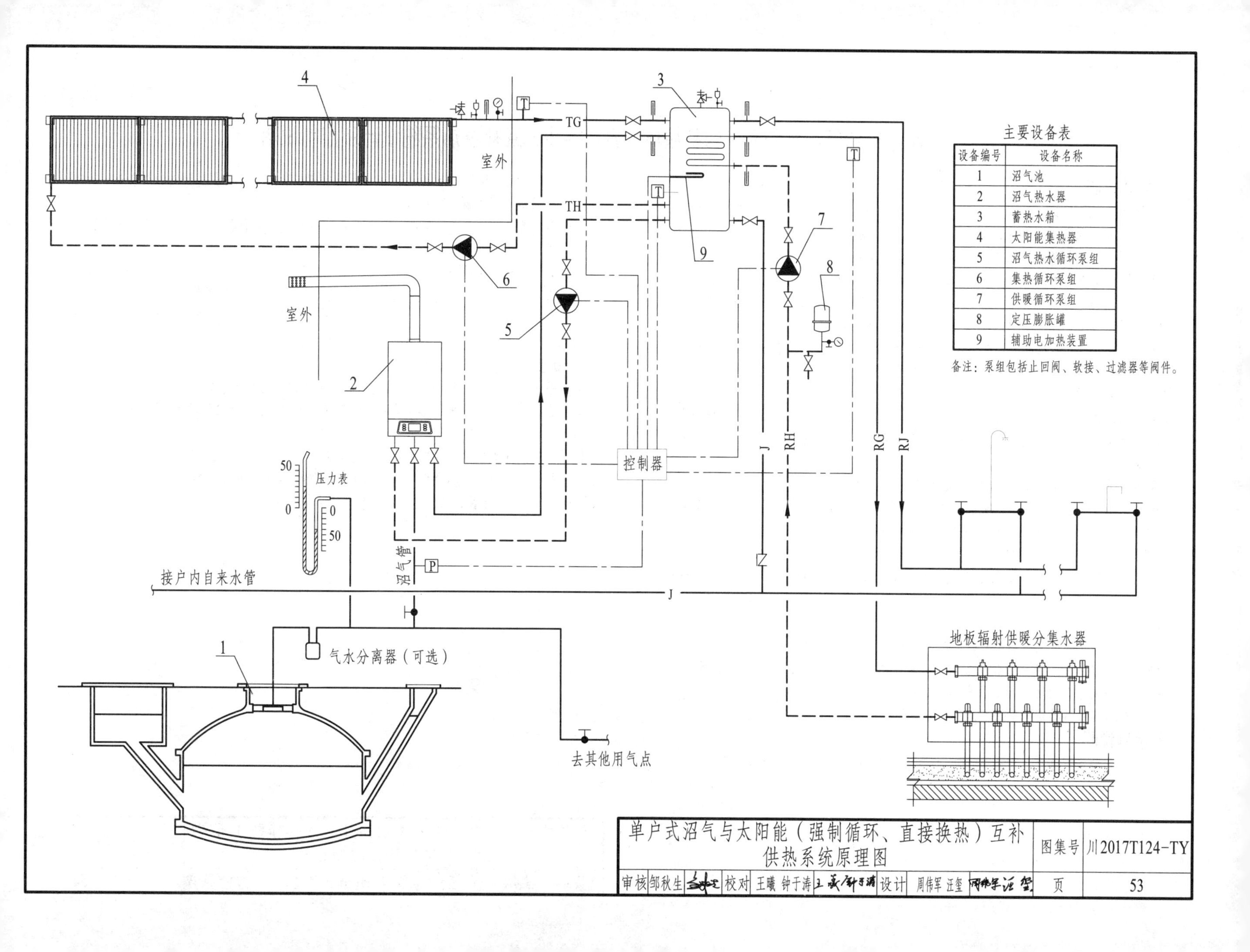

主要设备表

设备编号	设备名称
1	沼气池
2	沼气热水器
3	蓄热水箱
4	太阳能集热器
5	沼气热水循环泵组
6	集热循环泵组
7	供暖循环泵组
8	定压膨胀罐
9	辅助电加热装置

备注：泵组包括止回阀、软接、过滤器等阀件。

单户式沼气与太阳能（强制循环、直接换热）互补供热系统原理图						图集号	川2017T124-TY
审核	邹秋生	校对	王曦 钟于涛	设计	周伟军 汪玺	页	53

单户式沼气与太阳能（强制循环、直接换热）互补供热系统设计及控制说明

1 设计说明

1.1 该系统利用太阳能和沼气作为供暖及生活热水热源，由太阳能集热循环、沼气热水循环系统、供暖循环和生活热水系统组成，采用蓄热水箱蓄热，蓄热水箱内设置辅助电加热装置。该系统适用于太阳能资源丰富、有充足沼气的农村住宅。

1.2 太阳能集热系统设置集热循环泵，为强制循环。集热系统采用水作为热媒介质，太阳能集热器产生的热水直接接入蓄热水箱。冬季室外温度低、有防冻需求的地区不建议采用该系统。集热系统需设置自动排气装置及安全阀。

1.3 本系统以沼气热水器为互补热源。系统采用的沼气专用热水器应有自动点火、防干烧自动熄火保护及过热保护功能，要求对沼气气压不稳定性适应性强，能够低水压启动并持续工作。

1.4 本系统蓄热水箱采用闭式承压保温水箱，水箱压力由自来水补水系统保证。生活热水出水点设于水箱上部，进水点设于水箱底部，水箱内的辅助电加热装置设置于其中下部。

1.5 供暖系统设置供暖循环泵和定压膨胀罐。

1.6 系统配置智能控制器，控制沼气热水循环泵、集热循环泵、辅助电加热装置及末端供暖循环泵，并实现系统自动启停。智能控制器长期监控水箱内水温，条件满足时启动辅助电加热装置对蓄热水箱进行杀菌。

1.7 蓄热水箱设计温度为50 ℃、沼气热水器设计出水温度为50 ℃。实际运行中沼气热水器出水温度可由用户确定，蓄热水箱最低温度、最高温度则通过智能控制器设置。

1.8 供热末端宜采用低温热水系统，本系统采用低温热水地板辐射供暖或强制对流换热的风机盘管形式，末端供暖供水设计温度为45 ℃。用户采用散热器时，应根据末端负荷及水箱温度仔细校核计算散热片数量。

1.9 可根据实际情况在需要水电计量的部分设置水电计量装置。

2 控制说明

蓄热水箱最低温度设定为40 ℃，最高温度为80 ℃，沼气热水器出水温度设定为50 ℃。供暖供水温度为45 ℃。为充分利用太阳能和沼气，减少辅助电加热装置运行时间，系统采取如下控制策略：

2.1 太阳能集热系统管道内温度低于蓄热水箱水温，或高于蓄热水箱水温但不超过2 ℃时，集热循环泵不运行。

2.2 太阳能集热系统管道内温度高于蓄热水箱水温2 ℃，且蓄热水箱水温小于80 ℃时，太阳能集热循环泵开启；蓄热水箱水温高于80 ℃时，集热循环泵停止运行。

2.3 蓄热水箱水温低于45 ℃，且沼气充沛（沼气压力达到热水器额定值）时，启动沼气热水循环泵。沼气热水器在压力开关作用下点火，产生的热水储存于蓄热水箱内，水温达到50 ℃即关闭沼气热水循环泵。

2.4 蓄热水箱水温低于40 ℃，且沼气压力不足（沼气压力低于热水器额定值）时，开启辅助电加热装置；辅助电加热装置加热过程中，水箱水温达到45 ℃时，辅助电加热装置停止运行。

2.5 用户有供暖需求时，自行开启供暖循环泵。

2.6 蓄热水箱的水温在24 h以内从未高于60 ℃时，启动辅助电加热装置将水温加热到60 ℃对水箱进行杀菌，水温达到要求后即停止加热。

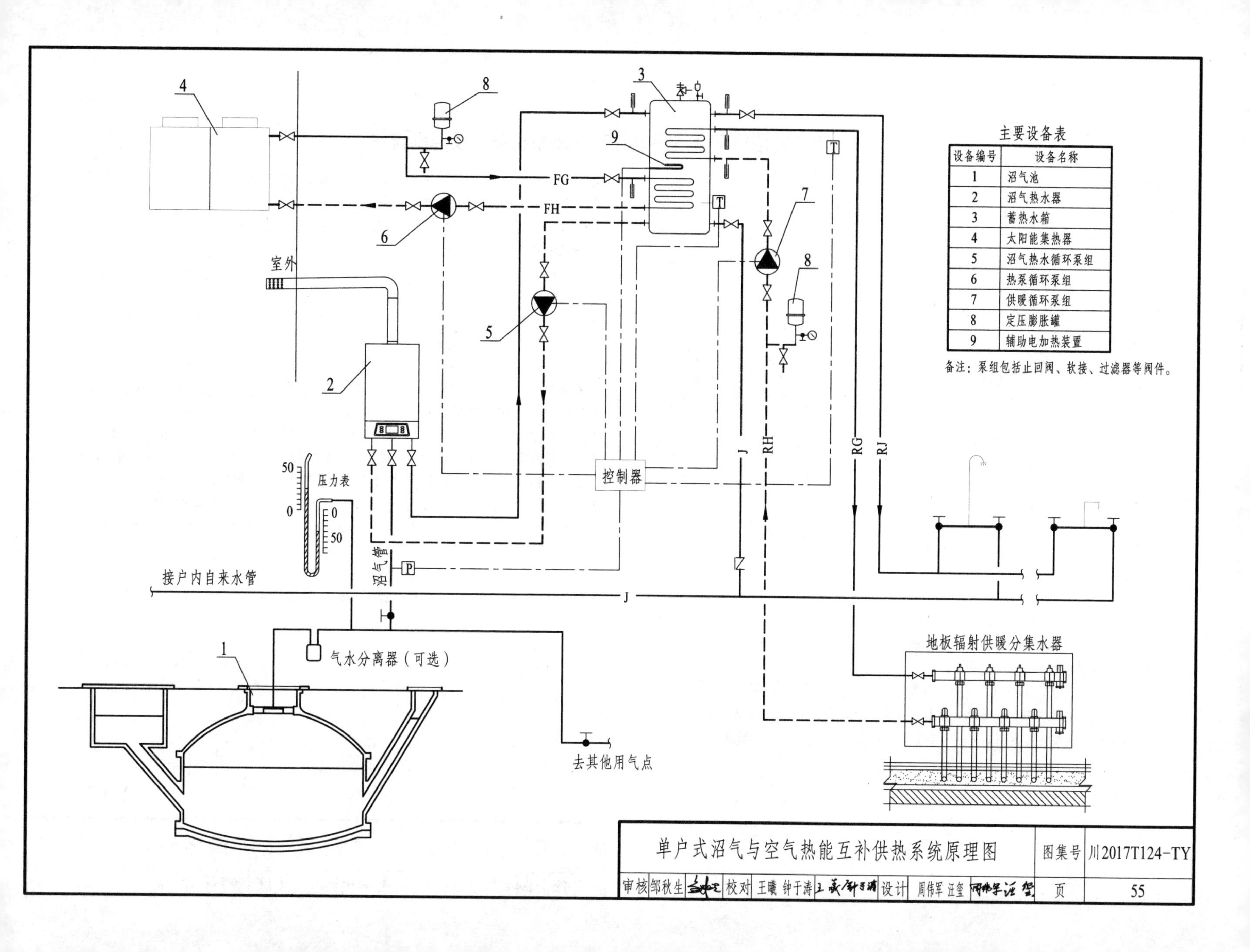

设备编号	设备名称
1	沼气池
2	沼气热水器
3	蓄热水箱
4	太阳能集热器
5	沼气热水循环泵组
6	热泵循环泵组
7	供暖循环泵组
8	定压膨胀罐
9	辅助电加热装置

备注：泵组包括止回阀、软接、过滤器等阀件。

单户式沼气与空气热能互补供热系统原理图

图集号	川2017T124-TY
审核 邹秋生 校对 王曦 钟于涛 设计 周伟军 汪玺	页 55

单户式沼气与空气热能互补供热系统设计及控制说明

1 设计说明

1.1 该系统利用沼气和空气热能作为供暖及生活热水热源，由沼气热水循环系统、热泵热水循环系统、供暖循环和生活热水系统组成。主要设备有沼气热水器、热泵机组和蓄热水箱等，蓄热水箱内设置辅助电加热装置。该系统适用于有充足沼气且热泵机组有较高运行效率地区的农村住宅。

1.2 热泵热水循环系统需设置循环泵（热泵循环泵）和定压膨胀罐等设备，在蓄热水箱内通过换热盘管间接换热。热泵机组可采用空气源热泵机组或循环式空气能热泵热水器。采用空气源热泵机组时，对于有夏季空调冷负荷需求的住宅，应将设备同时用作住宅夏季空调冷源，并应优先选用热回收型空气源热泵机组；对于无空调冷负荷需求的住宅，宜选用单热型的空气源热泵机组。设计时应按照“设计选用说明”（详本图集第8页）的要求对设备容量进行校核。

1.3 本系统以沼气热水器为互补热源。系统采用的沼气专用热水器应有自动点火、防干烧自动熄火保护及过热保护功能，要求对沼气气压不稳定性适应性强，能够低水压启动并持续工作。

1.4 本系统蓄热水箱采用闭式承压保温水箱，水箱压力由自来水补水系统保证。生活热水出水点设于水箱上部，进水点设于水箱底部，水箱内的辅助电加热装置设置于其中下部。

1.5 供暖系统设置供暖循环泵和定压膨胀罐。

1.6 系统配置智能控制器，控制沼气热水循环泵、热泵循环泵、辅助电加热装置及末端供暖循环泵，并实现系统自动启停。智能控制器长期监控水箱内水温，条件满足时启动辅助电加热装置对蓄热水箱进行杀菌。

1.7 蓄热水箱设计温度为45 ℃、沼气热水器设计出水温度为50 ℃。实际运行中沼气热水器出水温度可由用户确定，蓄热水箱最低温度、最高温度则通过智能控制器设置。

1.8 供热末端宜采用低温热水系统，本系统采用低温热水地板辐射供暖或强制对流换热的风机盘管形式，末端供暖供水设计温度为43 ℃。用户采用散热器时，应根据末端负荷及水箱温度仔细校核计算散热片数量。

1.9 可根据实际情况在需要水电计量的部分设置水电计量装置。

2 控制说明

热泵机组（空气源热泵机组或循环式空气能热泵热水器）设定出水温度为47 ℃，沼气热水器出水温度设定为50 ℃、末端供暖供水设计温度为43 ℃、生活热水最低供水温度（蓄热水箱最低温度）为40 ℃。系统优先利用沼气供热，沼气压力不足时启动热泵机组，尽量减少辅助电加热装置运行时间。具体控制策略如下：

2.1 蓄热水箱水温低于45 ℃，且沼气充沛（沼气压力达到热水器额定值）时，启动沼气热水循环泵。沼气热水器在压力开关作用下点火，产生的热水储存于蓄热水箱内，水温达到50 ℃即关闭沼气热水循环泵。

2.2 蓄热水箱水温低于40 ℃，且沼气压力不足（沼气压力低于热水器额定值）时，按照要求的开机顺序启动热泵机组及其循环泵（热泵循环泵），对蓄热水箱加热。蓄热水箱温度达到45 ℃时，按照要求的关机顺序关闭热泵机组及其循环泵。

2.3 蓄热水箱水温低于40 ℃，沼气压力不足（沼气压力低于热水器额定值）时，且室外温度比热泵机组的允许的最低环境温度低2 ℃时，开启电辅助加热装置；电辅助加热装置加热过程中，水箱水温达到45 ℃时，辅助电加热装置停止运行。

2.4 用户有供暖需求时，自行开启供暖循环泵。

2.5 控制系统每隔24 h启动辅助电加热装置，将水温加热到60 ℃对水箱进行杀菌，水温达到要求后即停止加热。

表A-1 乙二醇水溶液物性表

浓度（%）	沸点（°C）	凝固点（°C）	温度（°C）	-30	-20	-10	0	40	50	60	70	80	90	100	110
40	105.6	-22.3	黏度（mPa·s）	–	15.7	9.06	5.85	1.85	1.26	1.10	0.96	0.95	0.85	0.83	0.83
			密度（g/cm^3）	–	1.07	1.06	1.06	1.05	1.05	1.04	1.05	1.03	1.03	1.02	1.01
			导热系数（W/m·K）	–	0.44	0.45	0.46	0.46	0.46	0.46	0.46	0.46	0.46	0.46	0.45
			比热（J/g·°C）	–	3.33	3.35	3.40	3.57	3.60	3.64	3.64	3.67	3.70	3.74	3.77
45	106.7	-27.5	黏度（mPa·s）	27.7	18.7	11	6.85	2.18	1.41	1.13	1.05	1.02	0.90	0.89	0.83
			密度（g/cm^3）	1.08	1.07	1.07	1.07	1.06	1.06	1.05	1.04	1.04	1.03	1.02	1.01
			导热系数（W/m·K）	0.44	0.44	0.44	0.44	0.44	0.44	0.43	0.43	0.43	0.43	0.43	0.43
			比热（J/g·°C）	3.13	3.16	3.23	3.29	3.45	3.49	3.52	3.56	3.59	3.63	3.67	3.70
48	106.7	-31.1	黏度（mPa·s）	36.0	20.7	12.0	7.48	2.39	1.50	1.14	1.09	1.07	0.93	0.93	0.83
			密度（g/cm^3）	1.08	1.08	1.07	1.05	1.06	1.06	1.05	1.04	1.04	1.03	1.02	1.01
			导热系数（W/m·K）	0.44	0.43	0.43	0.43	0.43	0.43	0.43	0.42	0.42	0.42	0.42	0.42
			比热（J/g·°C）	3.02	3.08	3.15	3.22	3.39	3.42	3.46	3.49	3.53	3.57	3.61	3.64
50	107.2	-33.8	黏度（mPa·s）	43.9	22.1	12.7	8.09	2.53	1.56	1.15	1.13	1.10	0.95	0.95	0.83
			密度（g/cm^3）	1.09	1.08	1.07	1.04	1.06	1.06	1.05	1.05	1.04	1.03	1.02	1.01
			导热系数（W/m·K）	0.43	0.43	0.43	0.43	0.42	0.42	0.41	0.41	0.41	0.41	0.41	0.40
			比热（J/g·°C）	2.94	3.02	3.1	3.17	3.36	3.40	3.44	3.47	3.51	3.51	3.59	3.63

表A-2 乙二醇体积浓度及对应的冰点

体积浓度（%）	冰点	体积浓度（%）	冰点	体积浓度（%）	冰点
13.6	-5	45.3	-25	57	-45
28.4	-10	47.8	-30	59	-50
32.8	-15	50	-35	80	-45
38.5	-20	54	-40	100	-13

注：乙二醇型防冻液，其冰点随乙二醇在水溶液中的浓度变化而变化，浓度在59%以下时，水溶液中乙二醇浓度升高冰点降低，但浓度超过59%后，随乙二醇浓度的升高，其冰点呈上升趋势，当浓度达到100%时，其冰点上升至-13 °C。

表A-3 乙二醇母液物理化学性质

项目	指标	项目	指标
密度（20 °C），g/cm^3	1.113	沸点，（760 mmHg），°C	197
闪点，°C	116	蒸汽，Pa（20 °C）	8
闪点，°C	-13	比热，（20 °C），J/(g·°C)	2.349

附录A 乙二醇水溶液物性、母液物理化学性质、体积浓度及其对应冰点								图集号	川2017T124-TY
审核	邹秋生	[signature]	校对	甘灵丽	[signature]	设计	王曦	[signature]	页	57

表B-1 太阳能资源丰富程度等级表

太阳总辐射年总量	资源丰富程度
≥6300 $MJ/(m^2 \cdot a)$	最丰富
5040~6300 $MJ/(m^2 \cdot a)$	很丰富
3780~5040 $MJ/(m^2 \cdot a)$	丰富
＜3780 $MJ/(m^2 \cdot a)$	一般

注：本表摘自现行国家标准《太阳能资源等级总辐射》（GB/T 31155—2014）。

表B-2 典型城镇太阳能资源丰富程度表

地区名称	年太阳总辐射量[$MJ/(m^2 \cdot a)$]	太阳能资源丰富程度	供暖期太阳总辐射量[$MJ/(m^2 \cdot a)$]	地区名称	年太阳总辐射量[$MJ/(m^2 \cdot a)$]	太阳能资源丰富程度	供暖期太阳总辐射量[$MJ/(m^2 \cdot a)$]
甘孜	6124	很丰富	2542	色达	5852	很丰富	3653
理塘	5961	很丰富	3326	稻城	6090	很丰富	3048
红原	5569	很丰富	2303	康定	4597	丰富	1827
松潘	4987	丰富	1945	若尔盖	5670	很丰富	3480
西昌	5481	很丰富		马尔康	5413	很丰富	1477
成都	3901	丰富	647	泸州	3856	丰富	483
达县	4255	丰富	693	南充	3963	丰富	618

注：（1）典型城镇太阳能资源丰富程度评估依据现行国家标准《太阳能资源等级总辐射》（GB/T 31155—2014）进行，并采用具有气候意义的典型气象年数据对太阳能资源丰富程度进行评估。
（2）典型气象年数据来源于《建筑节能气象参数标准》（JGJ/T 346—2014）。

附录B 典型城镇太阳能资源丰富程度表

图集号 川2017T124-TY

审核 邹秋生 校对 甘灵丽 设计 王曦 页

表C-1 太阳能资源稳定程度等级表

等级名称	分级阈值	稳定程度
很稳定	$R_w \geq 0.47$	A
稳 定	$0.36 \leq R_w < 0.47$	B
一 般	$0.28 \leq R_w < 0.36$	C
欠稳定	$R_w < 0.28$	D

注：本表摘自现行国家标准《太阳能资源等级总辐射》（GB/T 31155—2014）。

表C-2 典型城镇太阳能资源稳定程度表

地区名称	评估指标R_w值		太阳能资源稳定程度	地区名称	评估指标R_w值		太阳能资源稳定程度
甘孜	供暖期	0.56	很稳定（A）	色达	供暖期	0.66	很稳定（A）
	全年	0.53	很稳定（A）		全年	0.61	很稳定（A）
理塘	供暖期	0.66	很稳定（A）	稻城	供暖期	0.74	很稳定（A）
	全年	0.63	很稳定（A）		全年	0.72	很稳定（A）
红原	供暖期	0.67	很稳定（A）	康定	供暖期	0.50	很稳定（A）
	全年	0.58	很稳定（A）		全年	0.46	稳定（B）
松潘	供暖期	0.61	很稳定（A）	若尔盖	供暖期	0.62	很稳定（A）
	全年	0.53	很稳定（A）		全年	0.55	很稳定（A）
西昌	供暖期	0.52	很稳定（A）	马尔康	供暖期	0.66	很稳定（A）
	全年	—	—		全年	0.53	很稳定（A）
成都	供暖期	0.68	很稳定（A）	泸州	供暖期	0.72	很稳定（A）
	全年	0.34	一般（C）		全年	0.29	一般（C）
达县	供暖期	0.44	稳定（B）	南充	供暖期	0.70	很稳定（A）
	全年	0.30	一般（C）		全年	0.29	一般（C）

注：（1）典型城镇太阳能资源稳定程度评估依据现行国家标准《太阳能资源等级总辐射》（GB/T 31155—2014）进行，并采用具有气候意义的典型气象年数据对太阳能资源丰富程度进行评估。
（2）典型气象年数据来源于《建筑节能气象参数标准》（JGJ/T 346—2014）。

表D 水在不同气压状态下的沸点对照表

海拔（m）	大气压力（Pa）	沸点（℃）	海拔（m）	大气压力（Pa）	沸点（℃）	海拔（m）	大气压力（Pa）	沸点（℃）
200	98 944.9	99.35	2000	79 485.1	93.38	3800	63 247.6	87.14
400	96 609.4	98.70	2200	77 529.9	92.70	4000	61 623.5	86.43
600	94 318.8	98.05	2400	75 613.9	92.01	4200	60 033.3	85.72
800	92 072.3	97.39	2600	73 736.4	91.33	4400	58 476.5	85.00
1000	89 869.3	96.73	2800	71 896.8	90.64	4600	56 952.6	84.28
1200	87 709.3	96.07	3000	70 094.6	89.95	4800	55 461.0	83.55
1400	85 591.4	95.40	3200	68 329.1	89.25	5000	54 001.2	82.83
1600	83 515.2	94.73	3400	66 599.9	88.55			
1800	81 480.0	94.05	3600	64 906.2	87.85			

单户式空气热能与燃气互补供热系统——设计经济运行平衡点温度计算案例

该互补供热系统的热源由热泵机组（空气源热泵机组或空气能热泵热水器）及燃气采暖热水炉提供。热源设备的开启将决定系统运行的经济性能，对此需要考虑在什么条件下开启对应的热源设备。对于热泵机组而言，在额定的进出水温度情况下，其供热效率将随着室外环境的改变而变化，从而引起热泵机组的经济使用性；而燃气采暖热水炉的经济使用性主要取决于该地区的燃气能源费用及燃气热值。对于具体的项目工程，室外环境是一个动态变化过程，无法适时确定系统的实际运行平衡点温度。本工程为了项目设计时需要确定两种热源的启停策略，故采用设计经济运行平衡点温度（根据天然气和电价，计算出采用热泵机组供热与采用天然气供热相同经济成本时，热泵机组必须达到的最低COP值；再根据热泵机组性能（额定进出水温度、室外环境前提下），找到该COP值对应的室外环境温度点，该点即为设计经济运行平衡点）作为两种热源切换的控制点。若室外温度低于设计经济运行平衡点，则采用热泵机组供热经济性较差，应改为燃气采暖热水炉供热，来进行控制策略的设计。

本案例以成都市主城区的居住建筑采用热泵机组供应生活热水为例，计算0.2吨水从15 ℃上升到45 ℃时，该系统的设计经济运行平衡点（注：当地燃气费用为1.89 元/m^3，电价为0.5元，燃气热值为38 417 kJ/m^3，燃气炉额定制热量24 kW，燃气炉热效率为92%，热泵机组额定制热量24 kW，热泵机组融霜修正系数取值0.9）。

（1）0.2吨水从15 ℃上升到45 ℃需求热量计算结果为：Q=4.187×200×(45−15)=25 122 kJ；

（2）在满足25 122 kJ的热量下，需要燃气量为：25 122/38 417=0.65 m^3；燃气炉的运行费用为：0.65×1.89/0.92=1.34(元)；

（3）计算空气源热泵机组需要多少时间将0.2吨水从15 ℃加热至45 ℃：加热时间=200×(45−15)×4.187/(24×3600)=0.3(h)；

（4）与燃气炉同等运行费用为1.34元的前提下，空气源热泵机组的热效率需满足:COP=0.3×24×0.5/(0.9×1.34)=2.98；

（5）根据下表参数并采用插值法计算得知，该机型在室外环境干球温度为3 ℃左右时，其COP值为2.98，对此3 ℃为设计经济运行平衡点；当室外环境干球温度低于此值时，需切换为燃气炉运行；当室外环境干球温度高于此值时，需切换为空气源热泵机组运行。

表E 某厂家低温型空气能热泵机组在恒定进出水温度为15 ℃/45 ℃时，不同室外干球温度条件下的机组COP

室外干球温度（℃）	机组COP	室外干球温度（℃）	机组COP	室外干球温度（℃）	机组COP
7	3.12	−5	2.70	−12	2.30
0	2.88	−10	2.43	−15	2.15